BIMChina 柏慕中国 建筑梦想现实

全国高校建筑类专业数字技术系列教材 Autodesk 官方推荐教程系列 ATC 推荐教程系列

BIM 机电设计 Revit 基础教程

REVIT BASIC COURSE: MECHATRONIC DESIGN BY BIM

主 编 王艳敏 杨玲明
副主编 李志伟 冯志江 段鹏飞

中国建筑工业出版社

图书在版编目（CIP）数据

BIM机电设计Revit基础教程／王艳敏等主编．—北京：中国建筑工业出版社，2019.8（2022.7重印）
全国高校建筑类专业数字技术系列教材　Autodesk官方推荐教程系列　ATC推荐教程系列
ISBN 978-7-112-23840-8

Ⅰ.①B…　Ⅱ.①王…　Ⅲ.①房屋建筑设备－机电设备－计算机辅助设计－应用软件－高等学校－教材　Ⅳ.①TU85-39

中国版本图书馆CIP数据核字（2019）第113989号

本系列丛书主要以实际案例作为教程，结合柏慕2.0标准化应用体系，从项目前期准备开始，到专业模型建设、施工图出图、国际工程量清单及施工运维信息等都进行了讲解，对于建模过程有详细叙述。适合刚接触Revit的初学者、柏慕2.0产品的用户以及广大Autodesk Revit爱好者。凡是购买柏慕2.0产品的用户均可登录柏慕工场平台（www.21bim.com）免费下载柏慕族库及本书相关文件。

《BIM机电设计Revit基础教程》内容包括Revit及柏慕软件简介，机电专业基础知识概述、暖通专业BIM应用案例、给水排水专业BIM应用案例、电气专业BIM应用案例、管线综合与碰撞检测应用案例，可满足读者在设计过程中的基本需求。

责任编辑：陈　桦　张　健
责任校对：赵圻雨

全国高校建筑类专业数字技术系列教材
Autodesk官方推荐教程系列
ATC推荐教程系列
BIM机电设计Revit基础教程
主　编　王艳敏　杨玲明
副主编　李志伟　冯志江　段鹏飞
*
中国建筑工业出版社出版、发行（北京海淀三里河路9号）
各地新华书店、建筑书店经销
北京雅盈中佳图文设计公司制版
北京云浩印刷有限责任公司印刷
*
开本：787×1092毫米　1/16　印张：7¾　字数：179千字
2019年9月第一版　2022年7月第二次印刷
定价：29.00元
ISBN 978-7-112-23840-8
（34146）

本系列丛书编委会

（按姓氏笔画排序）

前　言

随着 BIM 技术的应用推广，高校的 BIM 教育也日渐普及，各类 BIM 教材也陆续出版发行。如何使得我们的高校教育能够和 BIM 技术的发展与时俱进；同时能够学以致用参与到真实项目中，创造更多的社会价值；如何使 BIM 教学与实践及科研密切结合，培养更多符合社会发展需求的 BIM 应用型人才？这三方面都成为高校 BIM 教育急需解决的问题。

北京柏慕进业工程咨询有限公司（以下简称柏慕），作为教育部协同育人项目合作单位，是历年中国 Revit 官方教材编写单位，中国第一家 BIM 咨询培训企业和 BIM 实战应用及创业人才的黄埔军校，针对以上三个高校 BIM 教育需求，组织开展了以下三个方面的工作，寻求推动高校 BIM 教育的可持续发展！

第一方面，在高校教育与 BIM 技术发展的与时俱进上：BIM 技术发展到今天，已经形成了正向设计全专业出图，自动生成国标实物工程量清单，同时可以应用模型信息进行设计分析，施工四控管理及运维管理的建筑全生命周期的应用体系，而不再是简单的 Revit 建模可视化和管线综合应用。

实现 BIM 技术的体系化应用，不仅需要模型的标准化创建，还需要实现模型信息的标准化管理。针对国家 BIM 标准只是指明了模型信息的应用方向，采用例举法说明了信息的各项应用。但是在具体工程应用中信息参数需要逐项枚举，才能保证信息统一。因此柏慕与清华大学的马智亮教授及其博士毕业生联合成立了 BIM 模型 MVD 数据标准的研发团队，建立建筑信息在各阶段应用的数据管理框架结构，并采用枚举法逐项例举信息参数命名。此研究成果对社会完全开放；在模型的标准化上，柏慕历经七年完成的国标建筑材料库及民用建筑全专业通用族库也面向社会开放。

BIM 标准化体系化的应用更需要高校教育的参与！所以柏慕与中国建筑工业出版社携手合作，组织了全国 170 余所高校教师参与了本套教材的编写审稿工作，以柏慕历年的实操经典案例结合教师专家团队的专业知识讲解，在建模规则上采用国内 BIM 应用先进企业普遍认同的三道墙（基墙与内外装饰墙体分别绘制），三道楼板（建筑面层与结构楼板及顶棚做法分别绘制）的建模规则，在建筑材料和构件的选用上调用柏慕族库，保证了 BIM 模型的标准统一及体系化应用的基础！ BIM 模型的出图算量与数据管理的有机统一，保证了高校 BIM 教育的技术先进性！技术应用的先进性也保证了学生学习与就业的质量！

本套教材第一批出版的五本属于基础教材系列，包含建筑、结构、设备、园林景观、装修五大部分，同时配有完整操作的视频教程。视频总计 80 个学时，建议全部学习，可以根据不同学校的情况分别设为必修课、选修课或课后作业等，也可以结合毕业设计开展多专业协同。同时本系列教材包括识图、制图实操及专业基础知识等，可以作为其他专业教材的实操辅助训练。此外，全部学完此系列基础教材，完成作业，即可具备参与柏慕组织的各类有偿社会实践项目的资格。

第二方面，如何能够使高校师生学以致用参与到真实项目中创造更多社会价值？

本系列教材的出版只是实现了技术普及，工科教育的项目实践环节至关重要！在项目实践方面，现代师徒制的传帮带体系很重要。

对高校的 BIM 项目实践，作为使用本系列教材的后续支持，柏慕提供了两种解决方案。对有条件开展项目实训的学校，柏慕派驻项目经理驻校半年到一年，帮助学校建立 BIM 双创中心，柏慕每年提供一定数量的真实项目，带领学生进行真题假做训练及真题真做或者毕业设计协同的项目实训，组织同学进行授课训练，在学校内外开展宣传，组织各类研讨活动，开展 BIM 认证辅导培训，项目接洽及合同谈判，真题真做的项目计划及团队分工协作及管理等各类 BIM 项目经理能力培养；对没有条件开展项目实训的学校，柏慕与高校合作开展各类师生 BIM 培训，发现有志于创业的优秀学员，选送柏慕总部实训基地集中培养半年到一年，学成后派回原学校开展 BIM 创业。每个创业团队都可以带 20~50 名学生参与项目实践，几年下来，以项目实践为基础的现代师徒制传帮带的体系就可以在高校生根发芽，蓬勃发展！

授人鱼不如授人以渔。柏慕提供的 BIM 人才培养模式使得高校的 BIM 教育具备了自我再生造血的机制，从而实现可持续发展！

高校对创新创业团队具备得天独厚的吸引力：上有国家政策支持，下有场地，有设备，更有一大批求知实践欲望强烈的学生和老师。BIM 技术的人才缺口，正好给大家提供了良好的机遇！

第三方面，如何使 BIM 教学与实践及科研密切结合，培养更多符合社会发展需求的 BIM 应用型人才？

通过本系列高校 BIM 教材的推广使用及推进高校 BIM 双创基地建设，我们在全国各地就具备了一大批能够参与 BIM 项目实践的团队。全国大学每年毕业生有七百多万，全国建筑类院校有两千多所每年的毕业生也是近百万，如何加强学校间的内部交流学习，与社会企业的横向课题研究及项目合作包括就业创业也都需要一个项目平台来维系。BIM 作为一个覆盖整个建筑产业的新技术，柏慕工场——BIM 项目外包服务平台应运而生！它包括发布项目、找项目、柏慕课堂、人才招聘及就业、创业工作室等几大版块，通过全国 BIM 项目共享，开展全国大赛、各地研讨会及人才推荐会，为高校 BIM 教育的产学研合作搭建桥梁。

总而言之，我们希望通过本系列 BIM 教材的出版、材料库及构件库及数据标准共享，实现统一的模型及数据标准，从而实现全行业协同及异地协同；通过帮助高校建立 BIM 双创基地，引入项目实践必需的现代师徒制的传帮带体系，使得高校的 BIM 教育具备了自我再生造血的机制，从而实现可持续发展；再通过柏慕工场项目外包平台实现聚集效应，实现品牌、技术、项目资源、就业及创业的资源整合和共享，搭建学校与企业之间的项目及人才就业合作桥梁！

互联网共享经济时代的来临，面对高校 BIM 教育的机遇和挑战，谨希望以此系列教材的出版，以及后续高校 BIM 双创基地建设和柏慕工场的平台支持，推动中国 BIM 事业的共享、共赢、携手同行！

黄亚斌

2019 年 5 月

目　录

第1章　Autodesk Revit及柏慕软件简介 …… 001

1.1　Autodesk Revit简介 …… 001

1.2　柏慕软件简介 …… 002

第2章　机电专业基础知识概述 …… 011

2.1　机电专业概述 …… 011

2.2　机电专业工程制图 …… 014

第3章　暖通专业BIM应用案例 …… 025

3.1　标高和轴网的创建 …… 025

3.2　暖通模型的绘制 …… 027

第4章　给水排水专业BIM应用案例 …… 046

4.1　给水排水模型的绘制 …… 046

4.2　消防模型的绘制 …… 064

第5章　电气专业BIM应用案例 …… 075

5.1　强电系统的绘制 …… 076

5.2　弱电系统的绘制 …… 082

5.3　照明系统的绘制 …… 085

第6章　管线综合与碰撞检测应用案例 …… 090

6.1　管线综合排布 …… 090

6.2　Revit碰撞检查 …… 095

附　录 …… 102

参考文献 …… 112

第 1 章　Autodesk Revit 及柏慕软件简介

1.1　Autodesk Revit 简介

Autodesk Revit（简称 Revit）是 Autodesk 公司一套系列软件的名称。Revit 系列软件是专为建筑信息模型 (BIM) 构建的，可帮助建筑设计师设计、建造和维护质量更好、能效更高的建筑。Revit 是我国建筑业 BIM 体系中使用最广泛的软件之一。

1.1.1　Revit 软件

Revit 提供支持建筑设计、MEP 工程设计和结构工程的工具。

Revit 软件可以按照建筑师和设计师的思考方式进行设计，因此可以提供更高质量、更加精确的建筑设计。通过使用专为支持建筑信息模型工作流而构建的工具，可以获取并分析概念，强大的建筑设计工具可帮助使用者捕捉和分析概念，以及保持从设计到建造的各个阶段的一致性。

Revit 向暖通、电气和给排水 (MEP) 工程师提供工具，可以设计最复杂的建筑设备系统。Revit 支持建筑信息建模 (BIM)，可帮助从更复杂的建筑系统导出概念到建造的精确设计、分析和文档等数据。使用信息丰富的模型在整个建筑生命周期中支持建筑系统。为暖通、电气和给排水 (MEP) 工程师构建的工具可帮助使用者设计和分析高效的建筑设备系统以及为这些系统编档。

Revit 软件为结构工程师提供了工具，可以更加精确地设计和建造高效的建筑结构系统。为支持建筑信息建模 (BIM) 而构建的 Revit 可帮助使用者使用智能模型，通过模拟和分析深入了解项目，并在施工前预测性能。使用智能模型中固有的坐标和一致信息，提高文档设计的精确度。

1.1.2　Revit 样板

项目样板文件在实际设计过程中起到非常重要的作用，它统一的标准设置为设计提供了便利，在满足设计标准的同时大大提高了设计师的效率。

项目样板提供项目的初始状态。 每一个 Revit 软件中都提供几个默认的样板文件，也可以创建自己的样板。基于样板的任意新项目均继承来自样板的所有族、设置（如单位、填充样式、线样式、线宽和视图比例）以及几何图形。样板文件是一个系统性文件，其中的很多内容来源于设计中的日积月累。

Revit 样板文件以 Rte 为扩展名。使用合适的样板，有助于快速开展项目。国内比较通用的 Revit 样板文件，例如 Revit 中国本地化样板，有集合国家规范化标准和常用族等优势。

1.1.3 Revit 族库

Revit 族库就是把大量 Revit 族按照特性、参数等属性分类归档而成的数据库。相关行业企业或组织随着项目的开展和深入，都会积累到一套自己独有的族库。在以后的工作中，可直接调用族库数据，并根据实际情况修改参数，便可提高工作效率。Revit 族库可以说是一种无形的知识生产力。族库的质量，是相关行业企业或组织的核心竞争力的一种体现。

1.2 柏慕软件简介

1.2.1 柏慕软件产品特点

柏慕软件——BIM 标准化应用系统产品是一款非功能型软件，固化并集成了柏慕 BIM 标准化技术体系，经过数十个项目的测试研究，基本实现了 BIM 材质库、族库、出图规则、建模命名规则、国标清单项目编码以及施工运维的各项信息管理的有机统一。它提供了一系列功能，涵盖了 IDM 过程标准，MVD 数据标准，IFD 编码标准，并且包含了一系列诸如工作流程、建模规则、编码规则、标准库文件等，使得 Revit 支持我国建筑工程设计规范，且可以大幅度提升设计人员工作效率，初步形成 BIM 标准化应用体系，并具备以下五个突出的功能特点：

1. 全专业施工图出图；
2. 国标清单工程量；
3. 导出中国规范的 DWG 图；
4. 批量添加数据参数；
5. 施工、运维信息标准化管理。

1.2.2 标准化库文件介绍

柏慕标准化库文件共四大类，分别为“柏慕材质库”“柏慕贴图库”“柏慕构件族库”“柏慕系统族库”。

1. 柏慕材质库

柏慕材质库对常用的材质和贴图进行了梳理分类，形成柏慕土建材质库、柏慕设备材质库和柏慕贴图库。柏慕材质库中土建部分所有的材质都添加了物理和热度参数，此参数参考了 AEC 材质《民用建筑热工设计规范》GB50176-2016 和鸿业负荷软件中材质编辑器中的数据。材质参数中对材质图形和外观进行了设置，同时根据国家节能相关资料中的材料表重点增加物理和热度参数，便于节能和冷热负荷计算，如图 1-1 所示。

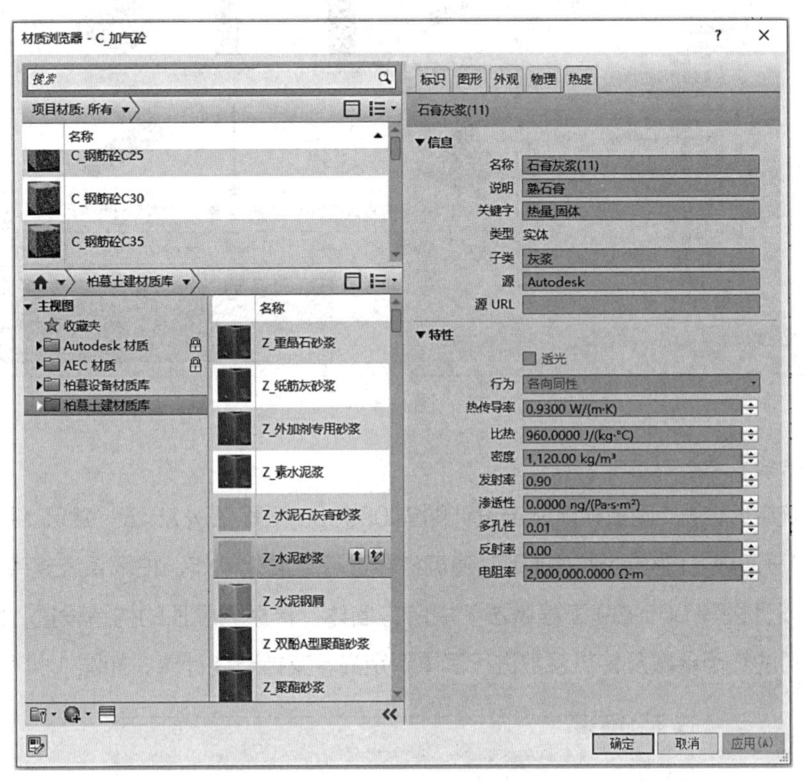

图1-1

2. 柏慕贴图库

柏慕贴图库按照不同的用途划分，为柏慕材质库提供了效果支撑，便于后期渲染及效果表现，如图 1-2 所示。

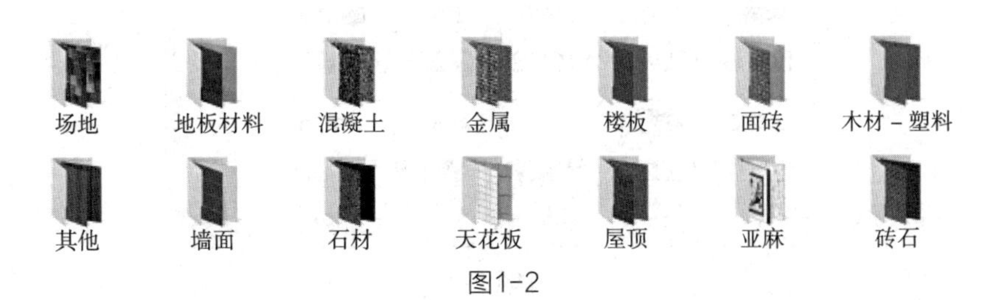

图1-2

3. 柏慕构件族库

柏慕族库依据《建筑工程工程量清单计价规范》GB50500-2013[3] 对族进行了重新分类，并为族构件添加项目编码，所有族构件依托 MVD 数据标准添加设计、施工、运维阶段标准化共享参数数据，为打通全生命周期提供了有力的数据支撑。

柏慕族库实现云存储，由专业团队定期更新族库，规范族库标准，如图 1-3 所示。

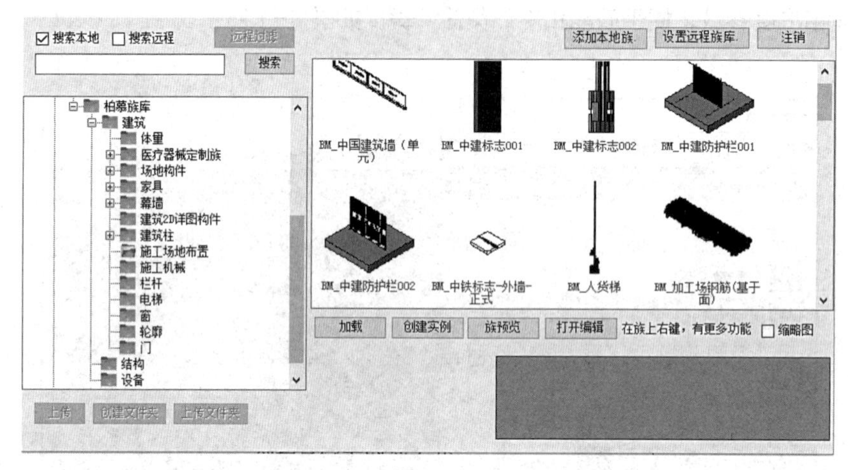

图1-3

4. 柏慕系统族库

柏慕系统族库依据《国家建筑标准设计图集 05J909 工程做法》以及“建筑、结构双标高”、“三道墙”、“三道板”的核心建模规则对建筑材料进行标准化制作。柏慕系统族库涵盖了《国家建筑标准设计图集 05J909 工程做法》中所有墙体、楼板、屋顶的构造设置，同时依据图集对所有材料的热阻参数及传热系数进行了重新定义，支持节能计算，如图 1-4 所示。

图1-4

柏慕系统族库中包含有标准化“水管类型”、“风管类型”、“桥架类型”、“电气线管类型”以及“导线类型”，并包含相应系统类型及符合国家标准的管段参数，为设备模型搭建提供标准化材料依据，如图 1-5 所示。

图1-5

1.2.3 柏慕软件工具栏介绍

1. 新建项目

柏慕软件中包含三个已制定好的项目样板文件，分别为“全专业样板”、“建筑结构样板”、“设备综合样板”。在插件命令中可以新建基于此样板为基础的项目文件，样板中包含了一系列统一的标准底层设置，为设计提供了便利，在满足设计标准的同时大大提高了设计师的效率，如图 1-6 所示。

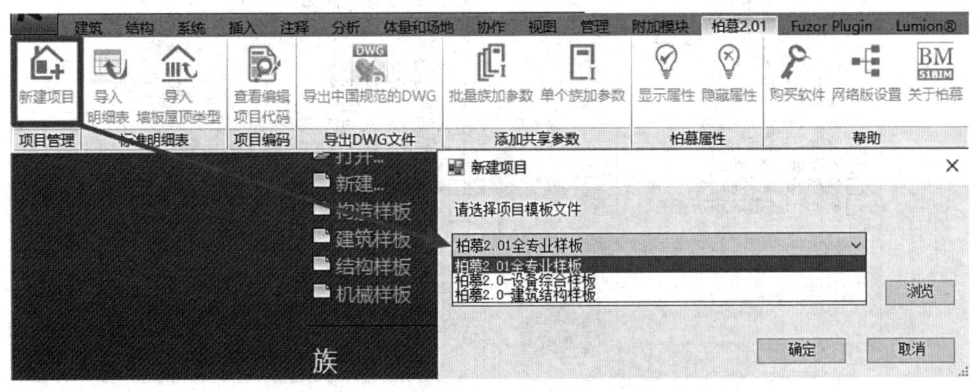

图1-6

2. 导入明细表功能

“导入明细表”功能中，设置四大类明细表，分别为“国标工程量清单明细表”、“柏慕土建明细表”、“柏慕设备明细表”、“施工运维信息应用明细表”，共创建了 165 个明细表，如图 1-7 所示。

明细表应用:

1) 柏慕土建明细表及柏慕设备明细表应用于设计阶段，主要有“图纸目录”、“门窗表”、“设备材料表”及“常用构件”等用来辅助设计出图。

2) 国标工程量清单明细表主要应用于算量。依据《建筑工程工程量清单计价规范》GB50500-2013[2]，优化 Revit 扣减建模规则，规范 Revit 清单格式。

施工运维信息应用明细表主要是结合“施工”、“运维阶段”所需信息，通过添加“共享参数”，应用于施工管理及运营维护阶段。

3. 导入墙板屋顶类型功能

导入柏慕系统族类型中，土建系统族类型共有 3 种，分别为“墙类型”、“楼板类型”、“屋

图1-7

顶类型”，设备系统族类型中共有 5 种，分别为“水管类型”、“风管类型”、“桥架类型”、“线管类型”以及“导线类型”，如 1-8 所示。

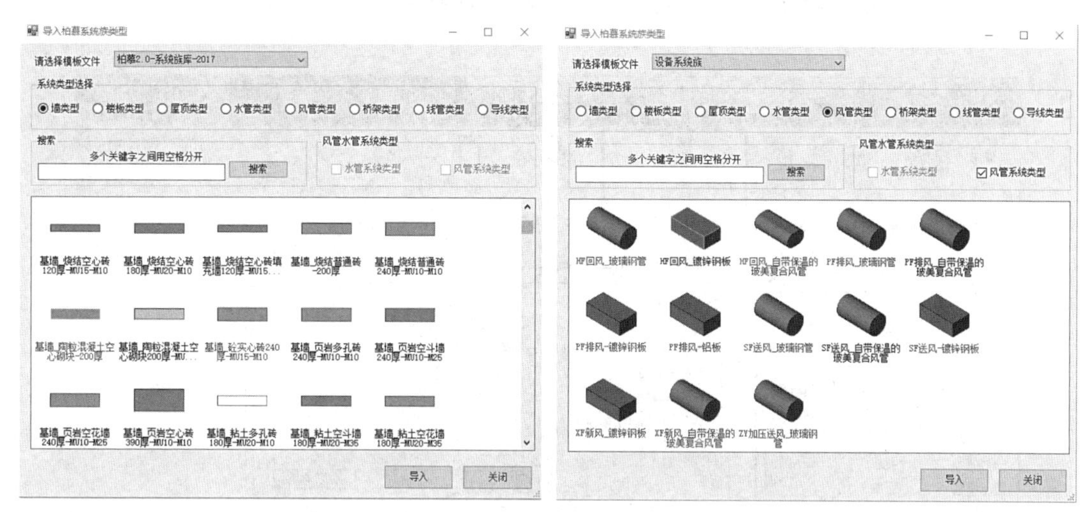

图1-8

4. 查看编辑项目代码

柏慕构件库中，所有构件均包含 9 位项目编码，但每个项目或多或少都需要制作一些新的族构件，通过“查看编辑项目代码”这一命令，查看当前构件的项目编码，且可以进行替换和添加新的项目编码，如图 1-9 所示。

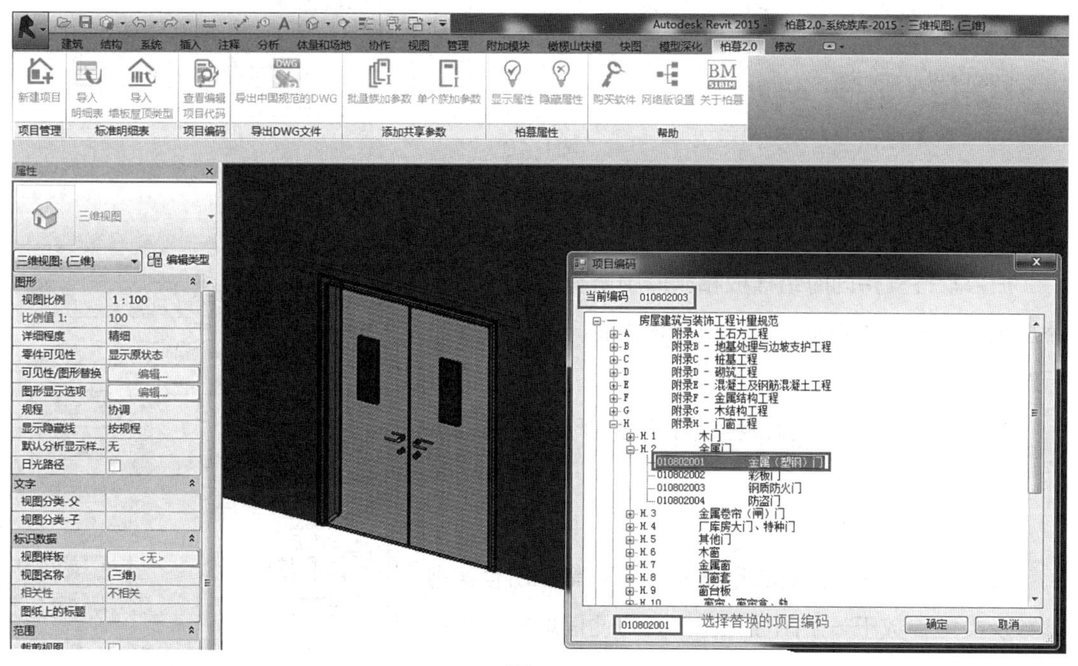

图1-9

5. 导出中国规范的 DWG

柏慕软件参考国家出图标准及天正等其他软件，设置“导出中国规范的 DWG”这一功能，直接导出符合中国制图标准的 DWG 文件，如图 1-10 所示。

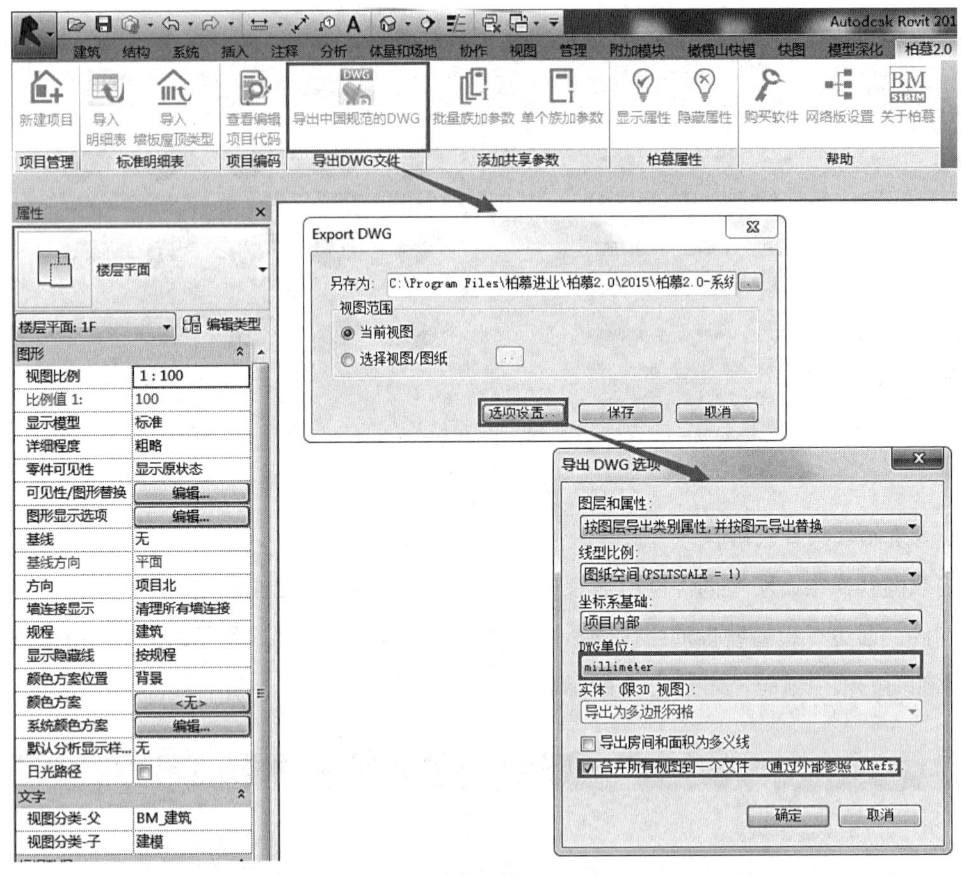

图1-10

6. 批量族添加参数

柏慕软件支持同时给样板和族库中所有的构件批量添加施工运维阶段共享参数，直接跟下游行业的数据进行对接。

具体的参数值未添加，客户可根据实际项目自行添加，如图 1-11 所示。

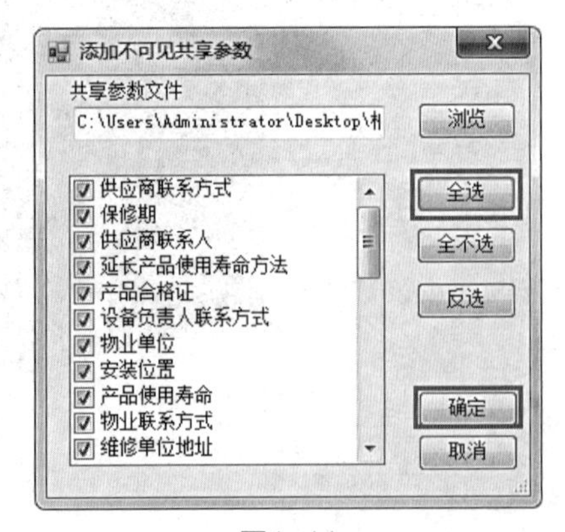

图1-11

7. 显示及隐藏属性

柏慕软件单独设置柏慕 BIM 属性栏，集成所有实例参数及类型参数于一个属性栏窗口，方便信息的集中管理，如图 1-12 所示。

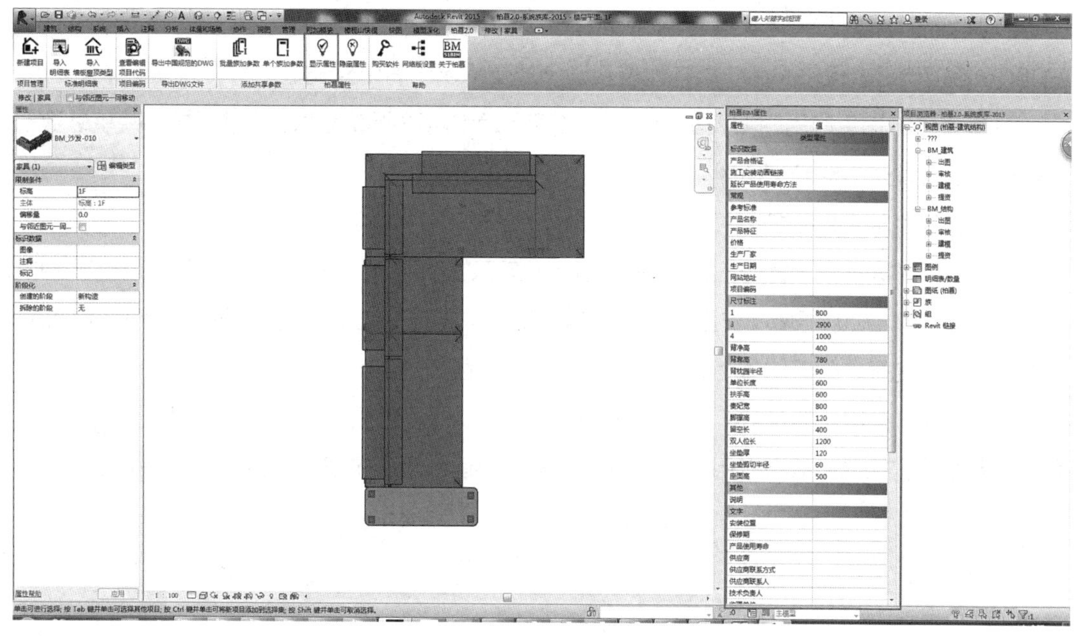

图1-12

1.2.4 柏慕 BIM 标准化应用

1. 全专业施工图出图

柏慕标准化技术体系支持 Revit 模型与数据深度达到 LOD500，建筑、结构、设备各系统分开，分层搭建，满足各应用体系对模型和数据的要求。设计模型满足各专业出施工图、管线综合、室内精装修。标准化模型及数据具备可传递性，支持对模型深化应用，包括但不限于幕墙深化设计、钢结构深化设计，机电安装图、施工进度模拟等应用。同时直接对接下游行业（如概预算、施工、运维）模型应用需求。

设计数据：直接出统计报表和计算书。

数据深化应用：模型构件均包含项目编码、产品信息、建造信息、运维信息等，直接对接下游行业（如概预算、施工、运维）信息管理需求。

出图与成果：建筑平、立、剖面，部分详图等；结构模板图、梁、板、柱、墙钢筋施工图；设备（水、暖、电）平面图、部分详图；专业综合优化设计（包括碰撞检查、设计优化、管线综合等）。

2. 国标工程量清单

柏慕明细表分为：“柏慕 2.0 设备明细表”、“柏慕 2.0 土建明细表”、“国标工程量清单明细表”、“施工运维信息应用明细表”四类明细表，共创建了 165 个明细表。

明细表应用：

1) 柏慕 2.0 设备明细表及柏慕 2.0 土建明细表主要应用于设计阶段，有“图纸目录”、“门窗表”、“设备材料表”及“常用构件”等用来辅助设计出图。

2) 国标工程量清单明细表主要应用于算量。依据《建筑工程工程量清单计价规范》GB50500-2013，优化 Revit 扣减建模规则，规范 Revit 清单格式。

3) 施工运维信息应用明细表主要是结合施工、运维阶段所需信息，通过添加“共享参数”，应用于施工管理及运营维护阶段。

3. 数据信息标准化管理

柏慕 MVD 数据标准针对三大阶段：设计、施工、运维，七个子项：建筑专业、结构专业、机电专业、成本、进度、质量、安全分别归纳其依据（国内外标准）及用途，形成标准的工作流，作为后续参数的录入阶段的参考，以确保数据的统一性。

通过柏慕“批量添加参数”功能将标准化的数据批量添加至构件，结合 Revit 明细表功能，实现一系列数据标准化管理应用，实现设计、施工、运维等多阶段的数据信息传递及应用。

第 2 章　机电专业基础知识概述

2.1　机电专业概述

2.1.1　机电专业

当今经济快速发展，建筑的功能也在不断发生改变，人们对建筑物有了更高质量和更多功能的要求，因此建筑、结构、水暖电等各专业正面临新的挑战。对于机电专业来说，它包括暖通空调专业、给水排水专业、电气（强电、弱电）专业，而这些专业又分别包含各自的系统。

1. 暖通空调专业概述

暖通空调在学术的全称为供热供燃气通风与空调工程，主要由采暖、通风、空气调节（Heating，Ventilating and Air Conditioning）三个方面组成。

采暖，又称供暖，是指通过供热管道将热源产生的热负荷供给建筑物内的散热设备，保证室内温度满足人们的要求。室内采暖系统主要由三部分组成：热源、供热管道、散热设备。采暖系统运行时，热源（如锅炉房、热交换站等）燃料燃烧产生热，将热媒加热生成的热水或蒸汽通过供热管道，输送到各个散热设备（如散热器、暖风机等），放热后回水沿水管返回锅炉，由此热媒不断地在系统中循环流动进行供暖。

通风，是指向某一房间或空间送入室外空气，由某一房间或空间排出空气的过程，以改善室内空气品质。通风主要作用是供给人体呼吸的氧气、稀释室内污染物或气味、除去室内多余热量或湿量等。按照空气输送的动力，通风系统分为机械通风和自然通风。风机作用使空气流动，造成房间通风换气，称作机械通风；依靠室内外空气的温差造成的热压，或者是室外风造成的风压，使得室内外空气进行交换，称作自然通风。按照通风的服务范围，通风系统分为全面通风和局部通风。全面通风，即把一定量的清洁空气送入房间以稀释室内污染物，并将室内等量空气连同污染物排到室外，使室内达到安全卫生标准；局部通风又分为局部进风和局部排风，原理都是控制局部气流，使局部工作区不受污染达到卫生要求。

空气调节，简称空调，是指用来对房间或空间内的温度、湿度、洁净度和空气流动速度进行调节，并提供足够量的新鲜空气的建筑环境控制系统。它是一个能同时实现多种功能的复杂过程，包括对空气的处理和输送并最终分配到空调区域。空调系统按用途可分为舒适性空调和工艺性空调；按照负荷介质种类不同，空调系统可分为全空气系统、全水系统、空气-水系统和冷剂系统；按照处理设备集中程度，分为集中式空调系统、半集中式空调系统和分散式空调系统；按照系统风量固定与否，分为定风量和变风量空调系统；按照系统风道内气体流速，分为低速（$v<8\text{m/s}$）和高速（$v=20\sim30\text{m/s}$）空调系统；按照系统精度不同，分为一般性空调系统和恒温恒湿系统；按照系统运行时间不同，分为全年性空调系统和季节性空调系统。

2. 给水排水专业概述

给水排水在学术上的全称为给水排水科学与工程（Water Supply And Drainage），包括城市用水供给系统和排水系统。下面介绍建筑给水排水系统。

建筑给水又称建筑内部给水，也称室内给水，是将城市给水管网或自备水源给水管网的水引入室内，选用适用、经济、合理的供水方式、经配水管送至生活、生产和消防用水设备，满足各用水点对水量、水压和水质的要求。按照用途不同，可将建筑给水系统分为三类。生活给水系统，是指供居住建筑、公共建筑、工业建筑饮用、烹饪、盥洗、洗涤、沐浴、浇洒和冲洗等生活用水的给水系统，必须严格符合国家规定的生活饮用水卫生标准；生产给水系统，是指为工业企业生产方面用水所设的给水系统，如冷却用水、锅炉用水等；消防给水系统，是指以水作为灭火剂供消防扑救建筑火灾时的用水设施，如消火栓给水系统、自动喷水灭火系统、水幕系统、水喷雾灭火系统等，对水质要求可以不高，但要保证足够的水量以及水压。

建筑排水是将建筑内生活、生产中使用过的水收集并排放到室外污水管道系统中。根据系统接纳的污水、废水类型分为三类。生活排水系统，即用于排除居住、公共建筑及工厂生活间的盥洗、洗涤和冲洗便器等污废水，还可将其分为生活污水排水系统和生活废水排水系统；工业废水排水系统，即用于排除生产过程中产生的工业废水，也可以根据废水污染程度分为生产污水排水系统和生产废水排水系统；雨水排水系统，是用于收集并排除建筑屋面上的雨水和雪水。建筑内部排水体制可分为分流制和合流制，分别称为建筑内部分流排水和建筑内部合流排水。建筑内部分流排水指的是将建筑中的粪便污水与生活污水、工业中的生产污水与废水按各自的单独排水管道排除；建筑内部合流排水指的是将建筑中的两种或两种以上的污、废水合用一套排水管道系统排除。

3. 电气专业概述

建筑电气（Building Electrical）指的是，在有限的建筑空间内，利用现代先进的科学理论及电气技术所构建的电气平台，创造出人性化的生活环境。

建筑电气的门类繁多，我们常把电气装置安装工程中的照明、动力、变配电装置、35kV及以下架空线路及电缆线路、桥式起重机电气线路、电梯、通信系统、广播系统、电缆电视、火灾自动报警器及自动消防系统、防盗保安系统、空调及冷库电气装置、建筑物内计算机监测控制系统及自动化仪表等，与建筑物关联的新建、扩建和改建的电气工程统一称作建筑电气工程。

通常情况下，可将建筑电气分为强电和弱电两大类。一般将动力、照明一类的基于高电压、大电流的输送能量的电力称作强电，包括供电、配电、照明、自动控制与调节，建筑与建筑物防雷保护等；相对强电而言的，将以传输信号进行信息交换的电称作弱电，它是一个复杂的集成系统工程，包括通信、有线电视、时钟系统、火灾报警系统、安全防范系统等。强电、弱电系统均是现代建筑不可或缺的电气工程。

2.1.2 机电专业 BIM 应用

建筑物中的机电系统，包括设计和施工两部分。其中设计是指设计院的机电设计人员绘制管线、出图，但有时建筑设计可能由不同的设计院共同完成，这就导致各专业之间缺乏有效沟通，更不用提协调合作。在施工时，现场情况的不同也会使各专业不能及时协调，由此带来诸多问题。比如有些设备管线在安装时出现空间位置的交叉碰撞，从而引发施工停滞，可能引起大面积拆除返工，甚至导致整项方案重新修订。因此减少设计图纸的变更和施工过程的返工现象，是当前迫切需要解决的问题。

20 世纪的中期，计算机技术逐渐渗透到建筑设计领域，特别是 BIM 技术的崛起为建筑设计行业带来一场新的革命。BIM 将各专业的管线位置、标高、连接方式及施工工艺先后进行模拟，给出了建筑物的三维模型，其中包括建筑的所有相应信息。对机电设备来说，可以提供设备的材质以及设备尺寸和性能参数，从而使得建筑物的所有信息实现了集成。运用 BIM 技术可在施工前完成复杂的管线排布及碰撞检测工作，检查设计的错、漏、碰等问题。总的来说，实现了多专业协同设计和全生命周期内的信息共享，提高了信息的传递效率，对建筑的设计、施工以及后期的管理维护有重大意义。

目前机电专业的 BIM 设计中最大的障碍是 BIM 设计的观念与传统流程大相径庭。传统流程设计初期以抽象表达为主，旨在清晰表达设计意图、注重图面简洁，并且综合设计与专业设计分开，不需严格一致。而 BIM 设计直观准确且反映真实，一般根据专业图纸生成各专业模型，将其叠加而生成的综合模型必将存在不少碰撞冲突。选择从设计初期进行 BIM 的管线综合，好处是能实现深化设计，但这样会急剧增加工作量。如何平衡各专业设计进度与 BIM 综合设计深度，还需要大量的实践。

现阶段的实践中，各合作方软件应用的熟练度有限，工作流程也秉承着旧有模式，往往造成工作量大增却无法解决真正设计的难点。比如花费大量时间解决走廊管线综合碰撞的问题，但未来增加租赁空间又将走廊位置进行改动，等等。BIM 反映真实模型的优点（即在空间真实生成管道、设备、门窗、墙、梁、柱并能综合碰撞检查、多种方式显示碰撞位置，生成设备综合平面图、三位漫游和动画等）是一体两面的。因此只有合理、高效、有计划地使用 BIM 软件平台，才能扬长避短。

目前，机电专业 BIM 有如下的研究热点：

（1）深化 BIM 软件平台的制图功能；

（2）合理使用 BIM 更有效地完成机电管线协调；

（3）性能化软件与 BIM 模型的互导和协同。

当前的BIM技术可支持的性能化分析包括暖通负荷计算、光环境模拟等。与传统设计不同，运用 BIM 技术可在建模阶段对各构件进行三维建模，但是其中的参数确并不足以对实际情况进行模拟，可以采取第三方软件进行解决。Ecotect、VE、GBS、EnergyPlus 等建筑性能分析软件均可与 BIM 软件平台对接，但目前这些平台依旧存在模型交互的问题。

2.2 机电专业工程制图

2.2.1 机电专业识图基本知识

机电设备图纸一般包括如下内容，常用的图幅和比例可参考表 2-1。

机电设备图纸　　表2-1

图纸名称	图幅	比例
设计施工说明、图纸目录、图例	A1	
设备材料表	A1	
系统图、立管图	A1	
干管轴侧透视图	A1	1：100
平面图	A0	1：100
平面放大图	A3	1：50
立（剖）面图	A1	1：50
详图（节点图、大样图、标准图）	A1	1：25

图纸主要包括图纸目录、设计及施工说明、设备材料表、平面图、系统图以及详图等。

（1）图纸目录类似书本目录，作为施工图的首页，可根据其了解具体工程的大致信息、图纸张数、图纸名称等，列出了专业所绘制的所用施工图及使用标准图，以方便依据所需抽调图纸。

（2）设计及施工说明是指用文字来反映设计图纸中无法表达却又需向造价、施工人员交待清楚的内容。设计说明主要针对此工程的设计方案、设计指标和具体做法，内容应包括设计施工依据、工程概况、设计内容和范围以及室内外设计参数；施工说明主要针对设计中的各类管道及保温层的材料选用、系统工作压力、施工安装要求及注意事项等。一般在该图纸中还会附上图例表。

（3）设备材料表反映此工程的主要设备名称、性能参数、数量等情况，对于预算采购来说是重要的依据。

（4）平面图展示了建筑各层的功能管道与设备的平面布置，主要内容包括：建筑平面图、房间名称、轴号轴线、标高，管道位置、编号及走向，系统附属设备的位置规格，管道穿墙、楼板处预埋、预留孔洞的尺寸等。

（5）系统图给出了整个系统的组成及各层供暖平面图之间的关系。一般按 45° 或 30° 轴投影绘制，管线走向及布置与平面图对应。系统图可反映平面图不能清楚表达的部分。

（6）详图也叫大样图。凡是平面图、系统图中局部构造（如管道接法，设备安装）因比例的限制难以表述清楚时，就要给出施工详图。

2.2.2　暖通图纸识读

以供暖施工图为例，分别对平面图、系统图和详图进行识读。

（1）针对室内供暖平面图，首先确认热力入口（或主立管）在建筑平面图的位置，然后根据供回水管图例区分供回水管，确定热媒走向；然后再查看散热器的位置及接管方式，根据其标注的文字确定散热器的规格，根据散热器在建筑平面图的位置确定其安装方式。

（2）供暖系统图反映了系统的概况，综合了各层平面图的内容，常用 45° 轴测图绘制。识读过程首先查找供回水干管起始段，确定热媒走向，明确供暖水系统形式；其次根据各立管编号与平面图查找对应，以明确系统图与平面图的关系；再依照干管与立管的连接方式、散热器与支管的连接方式，查明整个水阀门的安装位置；最后明确散热器规格尺寸及其在系统中的位置，并与平面图核对。

（3）供暖施工详图包括标准图和节点详图，标准图反映一些施工节点通用的做法，而节点详图是有针对地对某个具体位置做法的反映。

2.2.3　给水排水图纸识读

建筑给水排水施工图应将给水图和排水图分开识读。给水图要按水源、管道和用水设备的顺序，先看平面图，再看系统图，粗看储水池、水箱及水泵等位置，分清系统的给水类型，再参照各图弄清管道走向、管径、坡度和坡向等参数以及设备型号、位置等参数内容；排水图要按卫生器具、排水支管、排水横管、排水立管和排水管的顺序，同样从平面图开始，再根据系统图，分清排水类型，再综合各图识读系统的参数。

（1）建筑给水排水平面图识读内容包括：卫生器具、用水设备和升压设备的类型、数量、安装位置及定位尺寸；引入管和污水排出管的平面布置、走向、定位尺寸、系统编号以及与室外管网的布置位置、连接形式、管径和坡度等；给水排水立管、水平干管和支管的管径、在平面图上的位置、立管编号以及管道安装方式等；管道配件的型号、口径大小、平面位置、安装形式及设置情况等。

（2）建筑给水系统图，可从室外水源引入着手，顺着管路走向依次识读各管路及所连接的用水设备。或者逆向进行，从任意一用水点开始，顺着管路逐个弄清管道和所连接的设备位置、管径变化以及所用管件附件等内容；建筑排水系统图，可依此按照卫生器具或排水设备的存水弯、器具排水管、排水横支管、排水立管和排出管的顺序，依次弄清存水弯形式、排水管道走向、管路分支情况、管径尺寸、各管道标高、各横管坡度、通气系统形式以及清通设备位置等内容。

（3）常用的建筑给水排水详图有淋浴器、盥洗池、浴盆、水表节点、管道节点、排水设备、室内消火栓以及管道保温等。

2.2.4　电气图纸识读

以电气照明施工图为例，通常要针对电气照明的系统图、平面图和照明设计说明进行识读，以此弄清设计意图，正确施工。

（1）电气照明系统图识图内容包括：供电电源的类型，如单相、三相供电；配线方式，如放射式、树干式和混合式；导线的型号、截面、穿管直径、管材以及敷设方式和敷设部位；配电箱中的开关、保护、计量等设备。

（2）电气照明平面图中，按规定的图形符号和文字标记表示出电源进户点、配电箱、配电线路及室内灯具、开关、插座等电气设备的位置和安装要求。多层建筑物的电气照明平面图应分层来画，标准层可用一张图纸表示各层的平面。平面图中包含：进户点、总配电箱和分配电箱的位置；进户线、干线、支线的走向，导线根数，导线敷设位置，敷设方式；灯具、开关、插座等设备的种类、规格、安装位置、安装方式及灯具的悬挂高度等。

（3）照明设计说明中，会补充照明系统图和平面图中表达不清楚而又与施工有关系的技术问题。如配电箱安装高度，图上未能注明的支线导线型号、截面、敷设方式、防雷装置施工要求以及接地方式等。

2.2.5　机电专业制图基本知识

1. 模型元素命名标准

以 Revit 软件为例，机电模型的命名规则，由表 2-2 给出。

2. BIM 模型图例色彩

为了更好地运用模型理解图纸设计意图并满足施工的工艺需求，同时也为了清晰区分各专业模型，可按照如下要求，对模型系统类型规范化处理，详见表 2-3。

机电模型命名 表2-2

构件	族名称	类型名称
风管		专业代码—系统名称
风管管件	类型描述	规格描述
风管附件	类型描述	规格描述
风管末端	类型描述	规格描述
机械设备	类型描述	规格描述
管道		专业代码—系统名称
管道管件	类型描述	规格描述
管道附件	类型描述	规格描述
卫浴装置	类型描述	规格描述
喷头	类型描述	规格描述
电缆桥架		专业代码—系统名称
电缆桥架配件	类型描述	规格描述
照明设备	类型描述	规格描述

模型图例色彩 表2-3

管道名称	RGB	管道名称	RGB
暖通风		给排水	
HVAC_厨房排油烟	255-55-55	PD_生活给水	0-255-0
HVAC_排风/排烟	255-000-255	PD_热水给水	168-000-084
HVAC_排烟	210-36-36	PD_热水回水	0-255-255
HVAC_排风	102-153-255	PD_污水重力	153-153-000
HVAC_新风	55-055-255	PD_污水压力	000-128-128
HVAC_未处理新风	111-111-255	PD_废水重力	153-051-051
HVAC_正压送风	128-128-000	PD_废水压力	102-153-255
HVAC_送风	55-055-255	PD_雨水重力	227-227-000
HVAC_回风	000-153-255	PD_雨水压力	227-227-000
HVAC_送风/补风	83-186-255	PD_通气管	51-000-051
HVAC_补风	128-188-255	PD_生活中水	151-129-254
暖通水		消防	
HVAC_冷热水供水管	249-089-031	FS_消防水炮	255-0-127
HVAC_冷热水回水管	254-180-009	FS_气体灭火	12-243-168
HVAC_冷冻水供水管	92-210-89	FS_消火栓	255-0-0
HVAC_冷冻水回水管	207-4-251	FS_自动喷淋	0-153-255
HVAC_热水供水管	249-89-31	FS_细水喷雾	255-124-128
HVAC_热水回水管	254-180-9	弱电	
HVAC_冷却水供水管	102-153-255	ELV_弱电桥架	18-116-69
HVAC_冷却水回水管	255-153-0	ELV_消防桥架	255-0-0

续表

管道名称	RGB	管道名称	RGB
HVAC_冷媒管	102–0–255	ELV_楼控/能源管理/智能照明桥架	128–255–255
HVAC_冷凝水管	99–0–189		
HVAC_空调加湿	235–128–128	ELV_有线电视/无线对讲系统预留	182–200–255
HVAC_溢水管	50–250–250		
HVAC_热媒供水	230–0–175	ELV_车库管理	85–170–185
HVAC_热媒回水	157–9–50	ELV_安防/巡更	106–202–74
HVAC_膨胀水	0–128–128	ELV_视频监控	196–241–039
强电		ELV_综合布线	80–50–245
EL_动力桥架	0–204–0		
EL_高压桥架	255–0–155		
EL_照明桥架	000–128–255		
EL_消防动力桥架	255–55–55		
EL_变电桥架	000–064–128		
EL_柴发桥架	19–83–168		

3. BIM 系统共享参数的设置

管道及风管系统是对管网的流量和大小进行计算的逻辑实体，在 Revit 中是一组以逻辑方式连接的模型构件。平面中的注释内容多是针对不同模型构建的尺寸标注和信息标记，如设备定位尺寸、风管管道尺寸、各种设备编号等。对 Revit 没有内置化的属性，需要共享参数的建立来支撑标记族的建立，进而实现图纸中的信息注释。下表罗列了暖通及给水排水系统中可建立的共享参数。

模型设备构件及共享参数　　表2–4

风管系统/管道系统	设备构件	添加共享参数
风管	风道	位置、系统编号，备注
风管管件	T形三通，Y形三通，四通，过渡件，弯头，接头	备注
风道末端	散热器，风口	风量，个数，设备形式，设备编号
	百叶窗	设备形式，大小
	热交换器	设备编号，设备形式，换热量，数量，备注
机械设备	冷水机组	设备编号，设备形式，制冷量，冷冻水温，冷却水温，供电要求，使用冷媒，噪声，质量，数量，备注
	空调机	设备编号，设备形式，冷量，热量，风量，噪声，质量，数量，备注

续表

风管系统/管道系统	设备构件	添加共享参数
风管	风道	位置，系统编号，备注
机械设备	泵	设备编号，设备形式，设备名称，流量，扬程，供电要求，转速，压力，设计点效率，质量，数量
	组合式空调机组	设备编号，设备形式，冷量，热量，风量，机外余压，供电要求，冷却盘管，加热盘管，加湿器，噪声，数量，备注
	风机盘管	设备编号，设备形式，冷量，热量，机外余压，供电要求，冷却盘管，加热盘管，加湿器，噪声，数量，备注
	风机	设备编号，设备形式，风量，风压，供电要求，转速，噪声，安装位置，数量，备注
	冷却塔	设备编号，设备形式，处理水量，进/出口水温，空气干/湿球温度，质量，数量，备注
管道	水，汽管道	位置，系统编号，备注
管件	T形三通，Y形三通，四通，弯头，过渡件，管帽，斜四通，法兰	备注
管路附件	雨水斗	设备编号，雨水斗汇水面积
	地漏，过滤器等	设备编号，个数
卫浴设置	大便器，小便器等	备注
喷头	各式喷头	设备编号，设备形式，个数

2.2.6　机电专业图例符号

1. 暖通空调专业图例

水汽管道、风道阀门及附件常用图例　　表2−5

序号	名称	图例	序号	名称	图例
1	截止阀		9	浮球阀	
2	闸阀		10	三通阀	
3	球阀		11	平衡阀	
4	柱塞阀		12	定流量阀	
5	快开阀		13	定压差阀	
6	蝶阀		14	调节止回关断阀	
7	旋塞阀		15	节流阀	
8	止回阀		16	膨胀阀	

续表

序号	名称	图例	序号	名称	图例
17	自动排气阀		41	直通型除污器	
18	集气罐放气阀		42	除垢仪	E
19	排入大气或室外		43	补偿器	
20	安全阀		44	矩形补偿器	
21	角阀		45	套管补偿器	
22	底阀		46	波纹管补偿器	
23	漏斗		47	弧形补偿器	
24	地漏		48	球形补偿器	
25	明沟排水		49	伴热管	
26	向上弯头		50	保护套管	
27	向下弯头		51	爆破膜	
28	法兰封头或管封		52	阻火器	
29	上出三通		53	节流孔板减压孔板	
30	下出三通		54	快速接头	
31	变径管		55	介质流向	或
32	活接头或法兰连接		56	风管向上	
33	固定支架		57	风管向下	
34	导向支架		58	风管上升摇手弯	
35	活动支架		59	风管下降摇手弯	
36	金属软管		60	天圆地方	
37	可屈挠橡胶软接头		61	软风管	
38	Y形过滤器		62	圆弧形弯头	
39	疏水器		63	带导流片矩形弯头	
40	减压阀		64	消声器	

续表

序号	名称	图例	序号	名称	图例
65	消声弯头		73	防烟防火阀	
66	消声 静压箱		74	方形风口	
67	风管 软接头		75	条缝形风口	
68	对开多页调节 风阀		76	矩形风口	
69	蝶阀		77	圆形风口	
70	插板阀		78	侧面风口	
71	止回风阀		79	风道检修门	J　J
72	余压阀	DPV　DPV	80	远程手控装置	B

2. 给排水专业图例

给排水专业常用图例　　表2–6

序号	名称	图例	序号	名称	图例
1	生活 给水管	J	14	立管 检查口	
2	热水 给水管	RJ	15	排水明沟	坡向
3	热水 回水管	RH	16	套筒 伸缩器	
4	中水 给水管	ZJ	17	方形伸缩器	
5	循环 给水管	XJ	18	管道固定 支架	
6	热媒 给水管	RM	19	管道立管	XL-1 平面　XL-1 系统
7	蒸汽管	Z	20	通气帽	成品铝丝球
8	废水管	F	21	雨水斗	YD- 平面　YD- 系统
9	通气管	T	22	圆形地漏	
10	污水管	W	23	浴盆 排水件	
11	雨水管	Y	24	存水弯	
12	多孔管		25	管道交叉	
13	防护套管		26	减压阀	

续表

序号	名称	图例	序号	名称	图例
27	角阀		38	自动喷洒头(开式)	平面 系统
28	截止阀		39	手提灭火器	
29	球阀		40	淋浴喷头	
30	闸阀		41	水表井	
31	止回阀		42	水表	
32	蝶阀		43	立式洗脸盆	
33	弹簧安全阀		44	台式洗脸盆	
34	自动排气阀	平面 系统	45	浴盆	
35	室内消火栓(单口)	平面 系统	46	盥洗槽	
36	室内消火栓(双口)	平面 系统	47	污水池	
37	水泵接合器		48	坐便器	

3. 电气专业图例

电气专业常用图例　　表2-7

序号	名称	图例	序号	名称	图例
1	动力照明配电箱		10	灯一般符号	
2	多种电源配电箱		11	防爆灯	
3	信号板信号箱(屏)		12	投光灯一般符号	
4	照明配电箱(屏)		13	聚光灯	
5	电流表	A	14	荧光灯一般符号	
6	电压表	V	15	五管荧光灯	5
7	电铃		16	分线盒一般符号	
8	电源自动切换箱		17	室内分线盒	
9	电阻箱		18	室外分线盒	

续表

序号	名称	图例	序号	名称	图例
19	断路器箱		30	广照型灯	
20	刀开关箱		31	双极开关	
21	刀开关箱带熔断器			暗装	
22	开关一般符号			密闭	
23	双控开关			防爆	
24	单极开关		32	顶棚灯	
	暗装		33	防火防尘灯	
	密闭		34	球形灯	
	防爆		35	局部照明灯	
25	单相插座		36	弯灯	
	暗装		37	壁灯	
	密闭		38	避雷器	
	防爆		39	安全灯	
26	带保护节点的插座		40	电话插座	TP
	暗装		41	电视插座	TV
	密闭		42	天线一般符号	
	防爆		43	用户一分支器	
27	避雷针		44	用户二分支器	
28	带接地的三相插座		45	用户三分支器	
	暗装		46	用户四分支器	
	密闭		47	二路分配器	
	防爆		48	三路分配器	
29	应急灯		49	放大器一般符号	

续表

序号	名称	图例	序号	名称	图例
50	电视 接收机		54	落地 交接箱	
51	彩色电视接 收机		55	分线盒 一般符号	
52	电话机 一般符号		56	室内分线盒	
53	壁盒 交接箱		57	室外分线盒	

第 3 章　暖通专业 BIM 应用案例

Revit 软件可以借助真实管线进行准确建模，实现智能、直观的设计流程。Revit 采用整体设计理念，从整座建筑物的角度来处理信息，将给水排水、暖通和电气系统与建筑模型关联起来，为工程师提供更好的决策参考和建筑性能分析。借助它，工程师可以优化建筑设备及管道系统的设计，更好地进行建筑性能分析，充分发挥 BIM 的竞争优势。同时，利用 Revit 与建筑师和其他工程师协同，还可及时获得来自建筑信息模型的设计反馈，实现数据驱动设计所带来的巨大优势，轻松跟踪项目的范围、进度和工程量统计、造价分析。

本章以地下车库为基础，接着绘制该车库中的设备专业相关内容。通过该案例，了解给水排水、消防、暖通及电气专业常用内容的绘制方法，同时进行简单的碰撞检查，了解协同的基本方法。

3.1　标高和轴网的创建

本地下车库案例模型按专业分别绘制，分为地下车库－暖通模型、地下车库－给水排水模型、地下车库－喷淋模型和地下车库－电气模型四个模型。模型搭建完成之后采用链接的工作模式进行整体的查看和审阅。为方便后期各模型的链接，本地下车库案例采用同一套标高轴网进行绘制。

3.1.1　新建项目

打开 Revit 软件，单击“柏慕软件”选项卡，选择“新建项目”，在弹出的“新建项目”对话框浏览选择“柏慕软件－全专业样板”，单击“浏览”设置项目文件的保存位置和名称，单击“确定”，如图 3-1 所示。

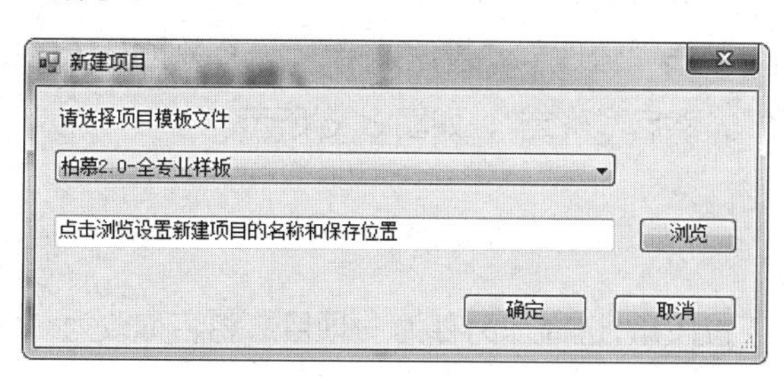

图3-1

3.1.2 绘制标高

删除原样板中的“注意事项”、“轴网”、“图名”及“指北针”，在“项目浏览器”中选择任意一个“立面”双击打开或单击右键，选择“打开”，进入“东立面”视图，删除除“1F”、“2F”之外的其他标高，将“2F”数值设置为4000，如图3-2所示。将相应的平面视图名称进行修改，如图3-3所示。

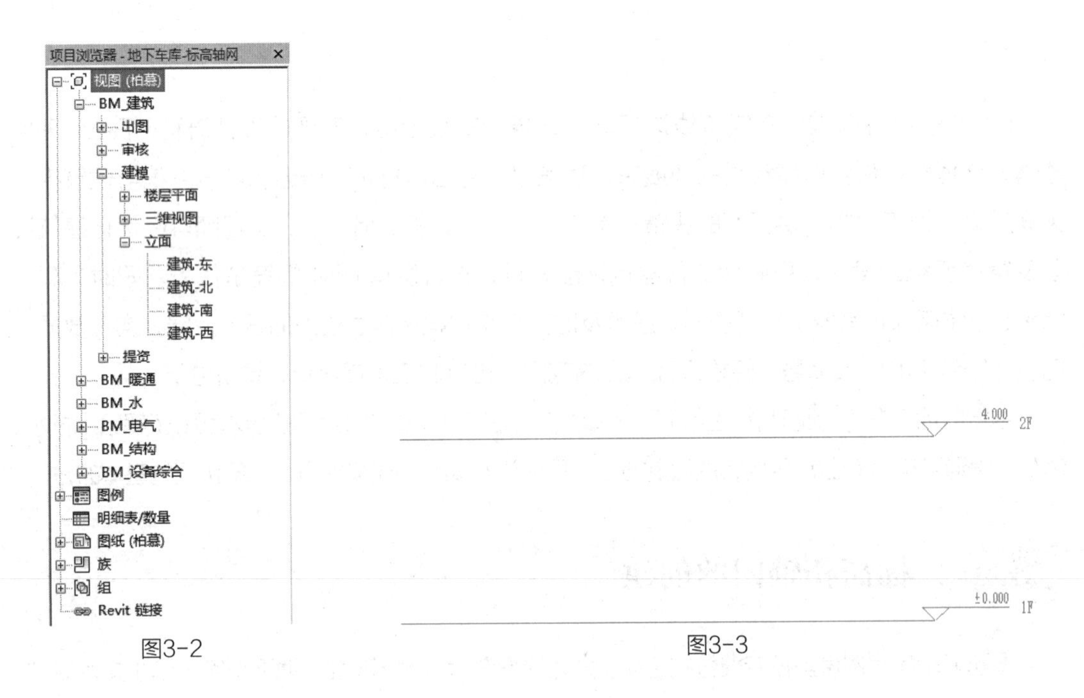

图3-2　　图3-3

3.1.3 绘制轴网

在项目浏览器中单击进入“BM_建筑”楼层平面“1F”，单击“插入”选项卡下“链接Revit”命令，在对话框中选择“地下车库－结构模型”文件，定位选择“自动－原点到原点”，如图3-4所示。

单击“建筑”选项卡下“基准”面板中的“轴网”工具（或使用快捷键GR），选择“拾取线”命令，依次单击链接模型中各轴网线，创建轴网如图3-5所示，完成之后锁定轴网。

轴网绘制完成之后，单击“管理”、“管理链接”，选择刚刚插入的链接文件“地下车库－结构模型”，单击“删除”，然后“确定”，如图3-6所示。

3.1.4 保存文件

单击“应用程序”下拉按钮，选择“另存为－项目”，将名称改为“地下车库－暖通模型”。

单击“应用程序”下拉按钮，选择“另存为－项目”，将名称改为“地下车库－给排水模型”。

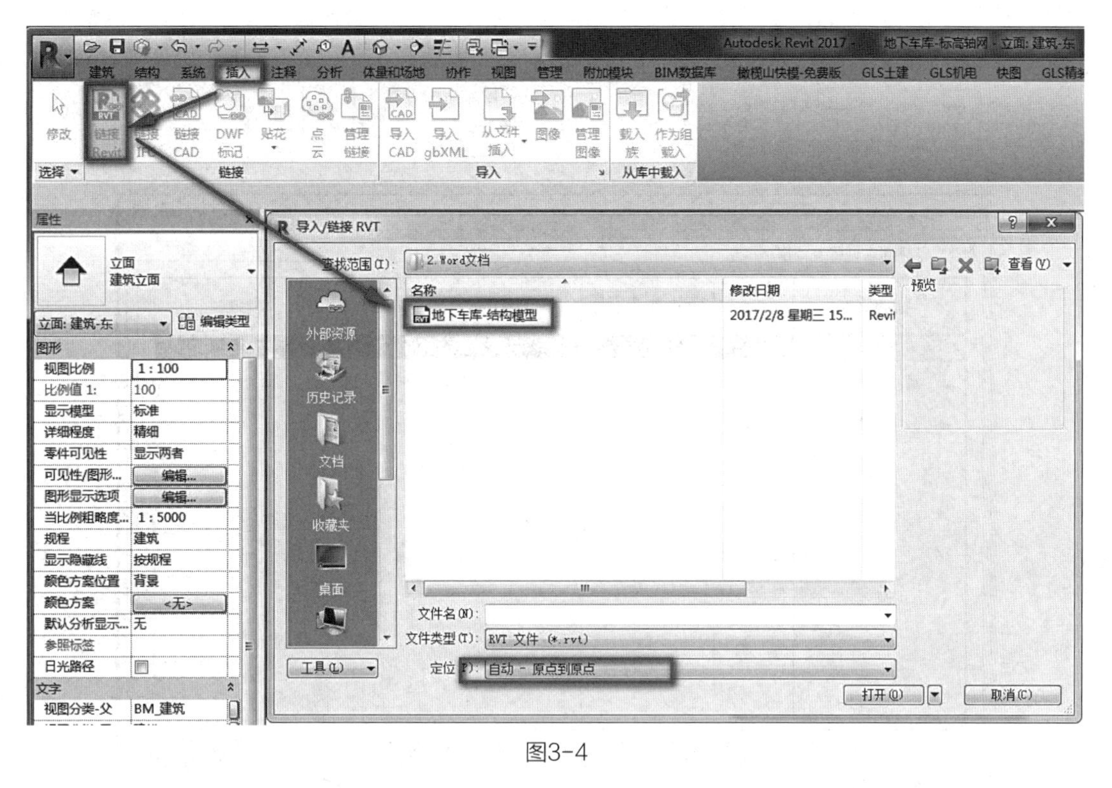

图3-4

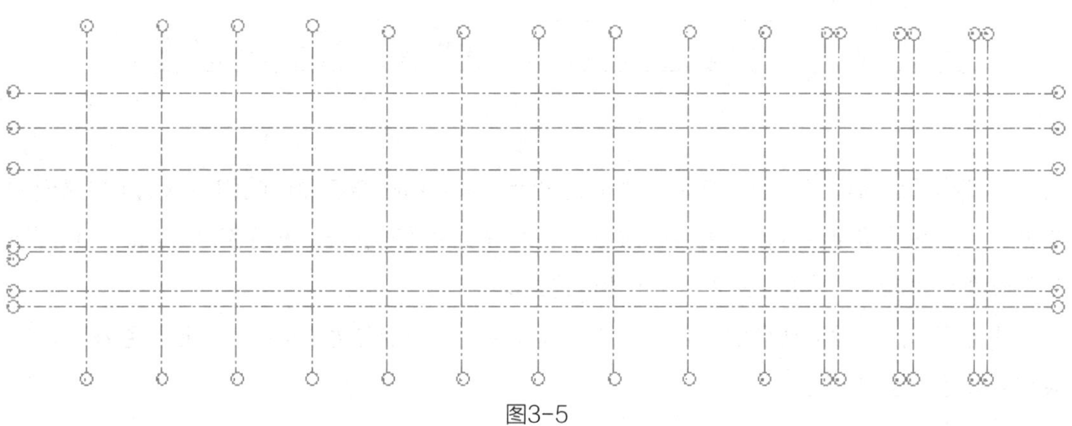

图3-5

单击“应用程序”下拉按钮，选择“另存为 - 项目”，将名称改为“地下车库 - 消防模型”。

单击“应用程序”下拉按钮，选择“另存为 - 项目”，将名称改为“地下车库 - 电气模型”。

此步骤的目的在于重复利用刚才所绘制的标高和轴网，而无需重复绘制。

3.2　暖通模型的绘制

集中式空调系统是现代建筑设计中必不可少的一部分，尤其是一些面积较大、人流较多的公共场所，更是需要高效、节能的集中式空调来实现对空气环境的调节。

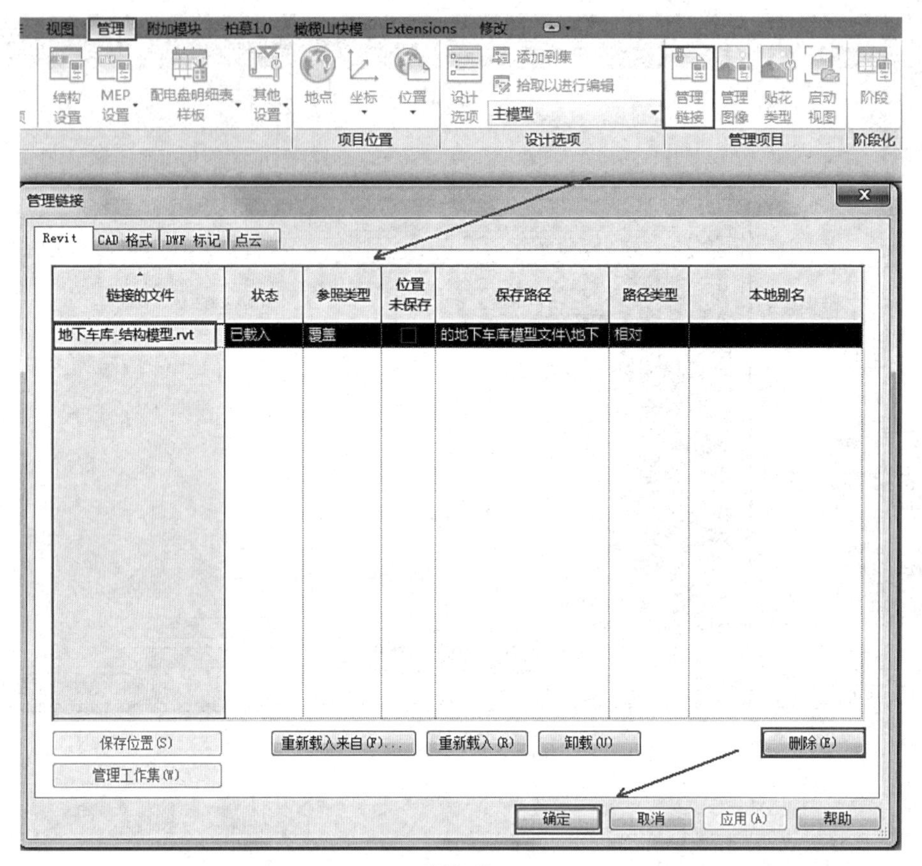

图3-6

本节将通过案例“某地下车库暖通空调设计”来介绍暖通专业识图和在 Revit 中建模的方法，并讲解设置风系统各种属性的方法，使读者了解暖通系统的概念和基础知识，掌握一定的暖通专业知识，并学会在 Revit 中建模的方法。

本地下车库的暖通模型仅包含风系统，该风系统又主要分为送风系统和回风系统。本节将讲解风管的绘制方法。

3.2.1 导入 CAD 图纸

打开上节中保存的“地下车库 - 暖通模型”文件，在项目浏览器中双击进入“楼层平面 1F”平面视图，单击“插入”选项卡下“导入”面板中的“导入 CAD”，单击打开“导入 CAD 格式”对话框，从“地下车库 CAD”中选择“地下车库通风平面图”DWG 文件，具体设置如图 3-7 所示。

导入之后将 CAD 与项目轴网对齐锁定。之后在属性面板选择“可见性 / 图形替换”，在“可见性 / 图形替换”对话框中“注释类别”选项卡下，取消勾选“轴网”，然后单击两次“确定”。隐藏轴网的目的在于使绘图区域更加清晰，如图 3-8 所示。

图3-7

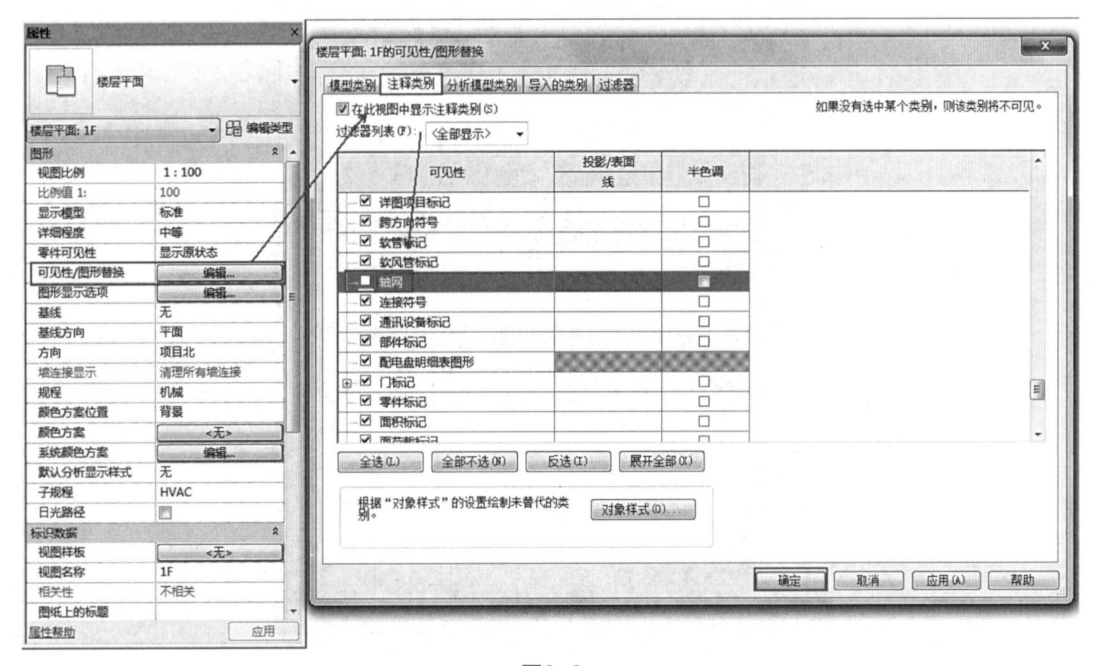

图3-8

3.2.2　绘制风管及设置

1. 风管属性的认识

单击“系统”选项卡下，“HVAC”面板中“风管”工具，（或使用快捷键 DT）如图 3-9 所示。打开“绘制风管”上下文选项卡如图 3-10 所示。

图3-9

图3-10

单击“图元属性”工具，打开“图元属性”对话框，如图 3-11 示。

类型属性

族(F)：系统族：矩形风管　载入(L)...

类型(T)：SF送风_镀锌钢板　复制(D)...

HF回风_镀锌钢板

SF送风_镀锌钢板　重命名(R)...

类型参数

参数	值
构造	
粗糙度	0.0000 m
文字	
项目编码	030702001
计量单位	
项目特征	
管件	
布管系统配置	编辑...
标识数据	
注释记号	
型号	
制造商	
类型注释	
URL	
说明	

<< 预览(P)　确定　取消　应用

图3-11

2. 绘制风管

在项目浏览器中单击进入暖通建模楼层平面“1F”，绘制如图 3-12 所示的一段风管，图中，“500×400”为风管的尺寸，500 表示风管的宽度，400 表示风管的高度，单位为“mm”。为保证绘制的风管可以正常显示，需要调整楼层平面属性面板下的视图范围，将视图范围的顶部“偏移量”设为 4000，剖切面“偏移量”为 3000，如图 3-13 所示。

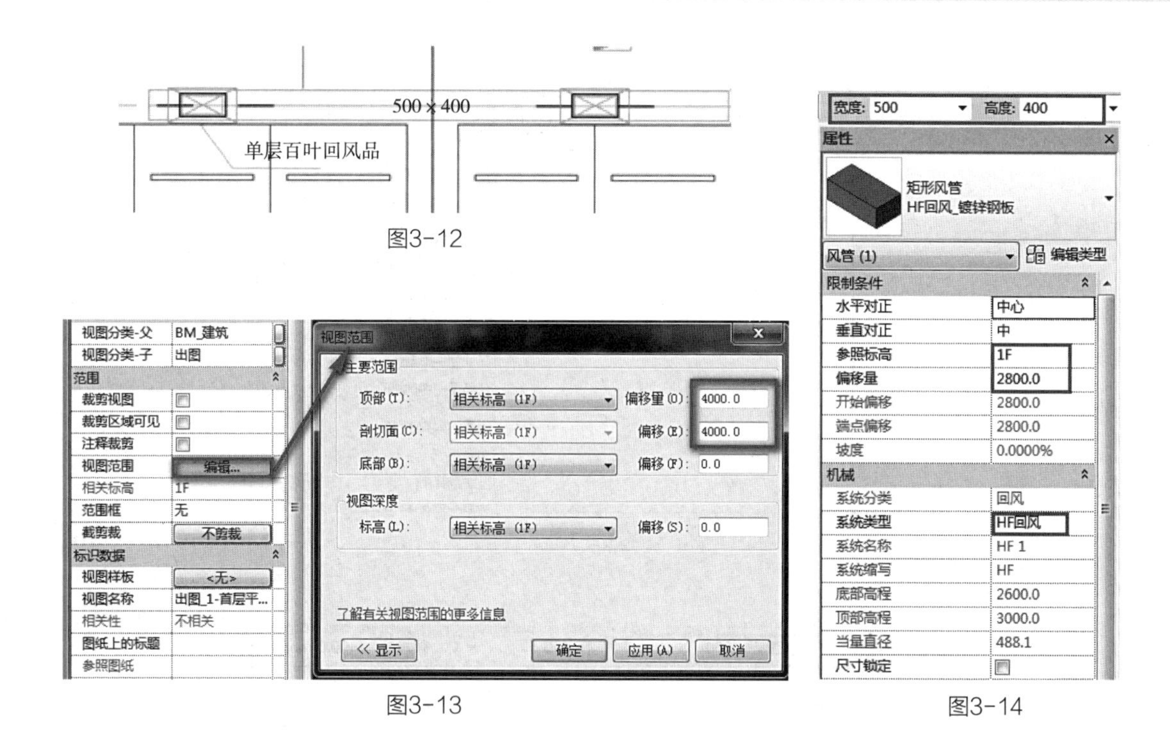

图3-12

图3-13

图3-14

单击“系统”选项卡下“HVAC”面板上的“风管”命令，风管类型选择“矩形风管 HF 回风 _ 镀锌钢板”，在选项栏中设置风管的尺寸和高度，如图 3-14 所示，“宽度”设为 500，“高度”设为 400，“偏移量”设为 2800，系统类型选择“HF 回风”。其中偏移量表示风管中心线距离相对标高的高度偏移量。

风管的绘制需要两次单击，第一次单击确认风管的“起点”，第二次单击确认风管的“终点”。绘制完毕后选择“修改”选项卡下“编辑”面板上的“对齐”命令，将绘制的风管与底图中心位置对齐并锁定，如图 3-15 所示。

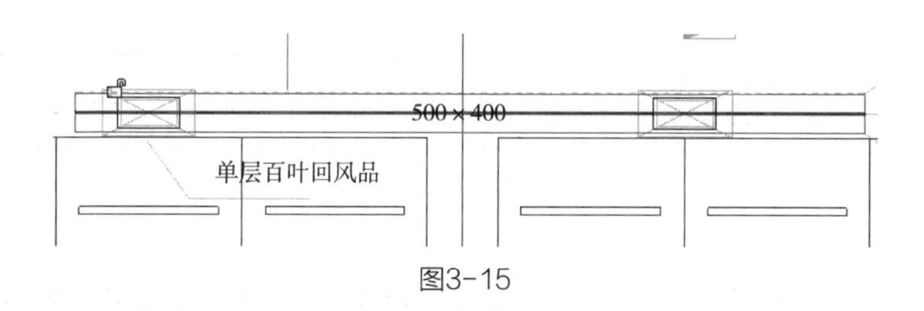

图3-15

选择该风管，在右侧小方块上单击鼠标右键，选择“绘制风管”，如图 3-16 所示，修改风管尺寸，将“宽度”设置为 1000，然后绘制下一段风管，如图 3-17 所示。对于不同尺寸风管的连接，系统会自动生成相应的管件，不需要单独进行绘制，如图 3-18 所示。

同样的方法绘制完成 CAD 中最上方的一段回风管，结果如图 3-19 所示。

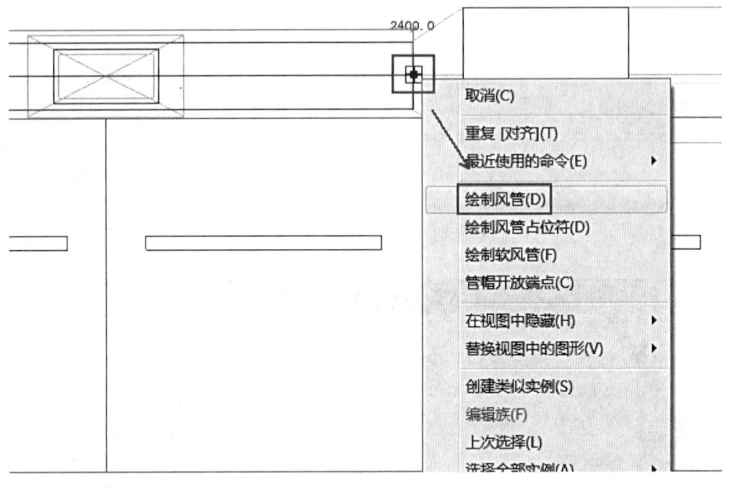

图3-16

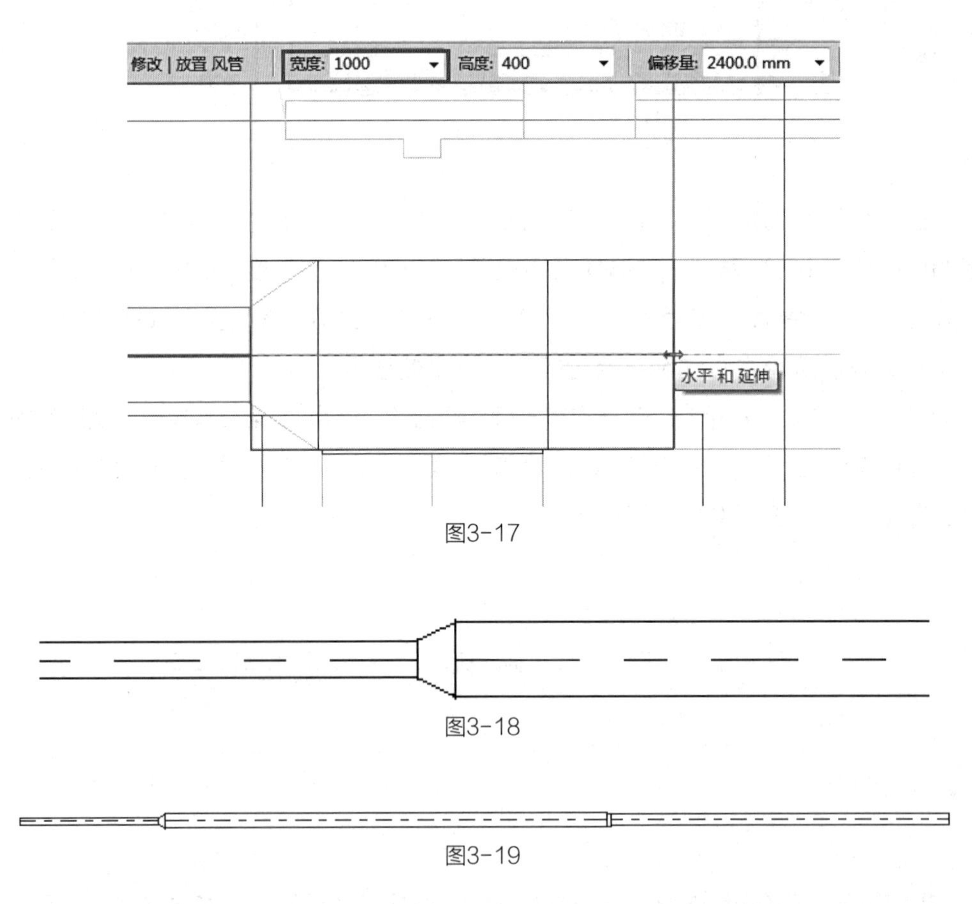

图3-17

图3-18

图3-19

注意：风管默认的变径管是“30度”，可以更改变径管的类型选择不同角度的变径管。本项目中，选中刚刚所绘制风管中的变径管，类型选择“60度”，如图3-20所示。更改前后变化如图3-21所示，更改完成之后模型与CAD底图更加贴近。

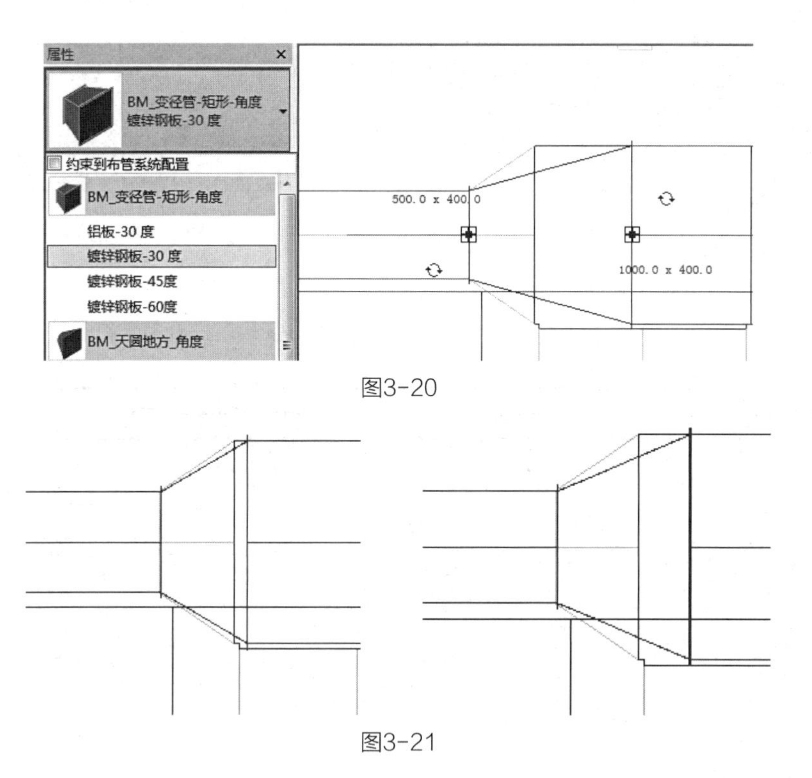

图3-20

图3-21

接下来绘制如图 3-22 所示另一根回风管。

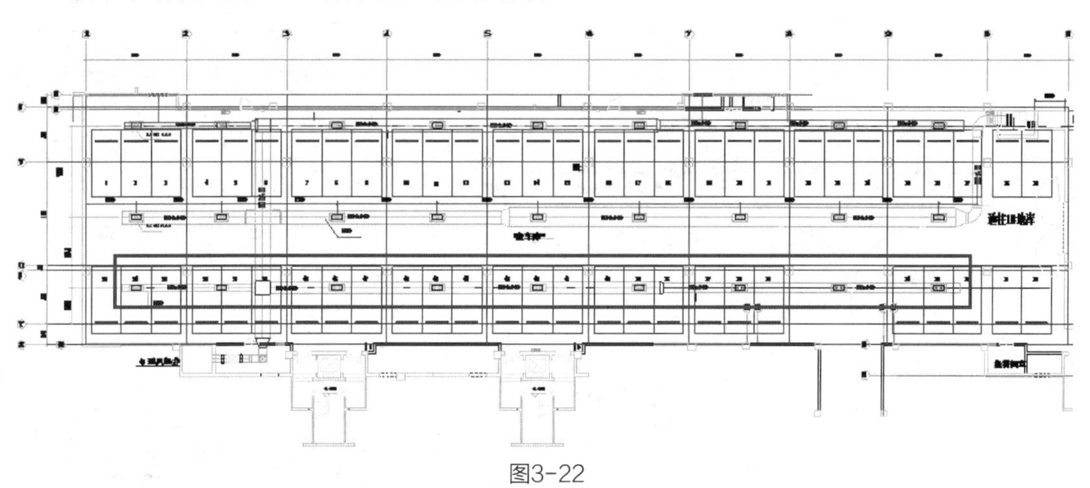

图3-22

通过观察可以发现，第二道回风管与刚刚所绘回风管基本一致，因此可以采用复制命令，将刚刚所绘回风管复制到第二道回风管的位置。如图 3-23 所示。

两道横向回风管通过一根纵向的回风管（主管）连接为一个系统，现在绘制这根纵向的回风管。在风管系统中，三通、四通弯头一样，都是风管配件，会根据风管尺寸、标高的变化自动生成，无需单独绘制。

单击“系统”选项卡下“HVAC”面板上的“风管”命令，风管类型选择“矩形风管 HF 回风 _ 镀锌钢板”，在选项栏中设置风管的尺寸和高度，如图 3-24 所示，“宽度”设为 1200，“高

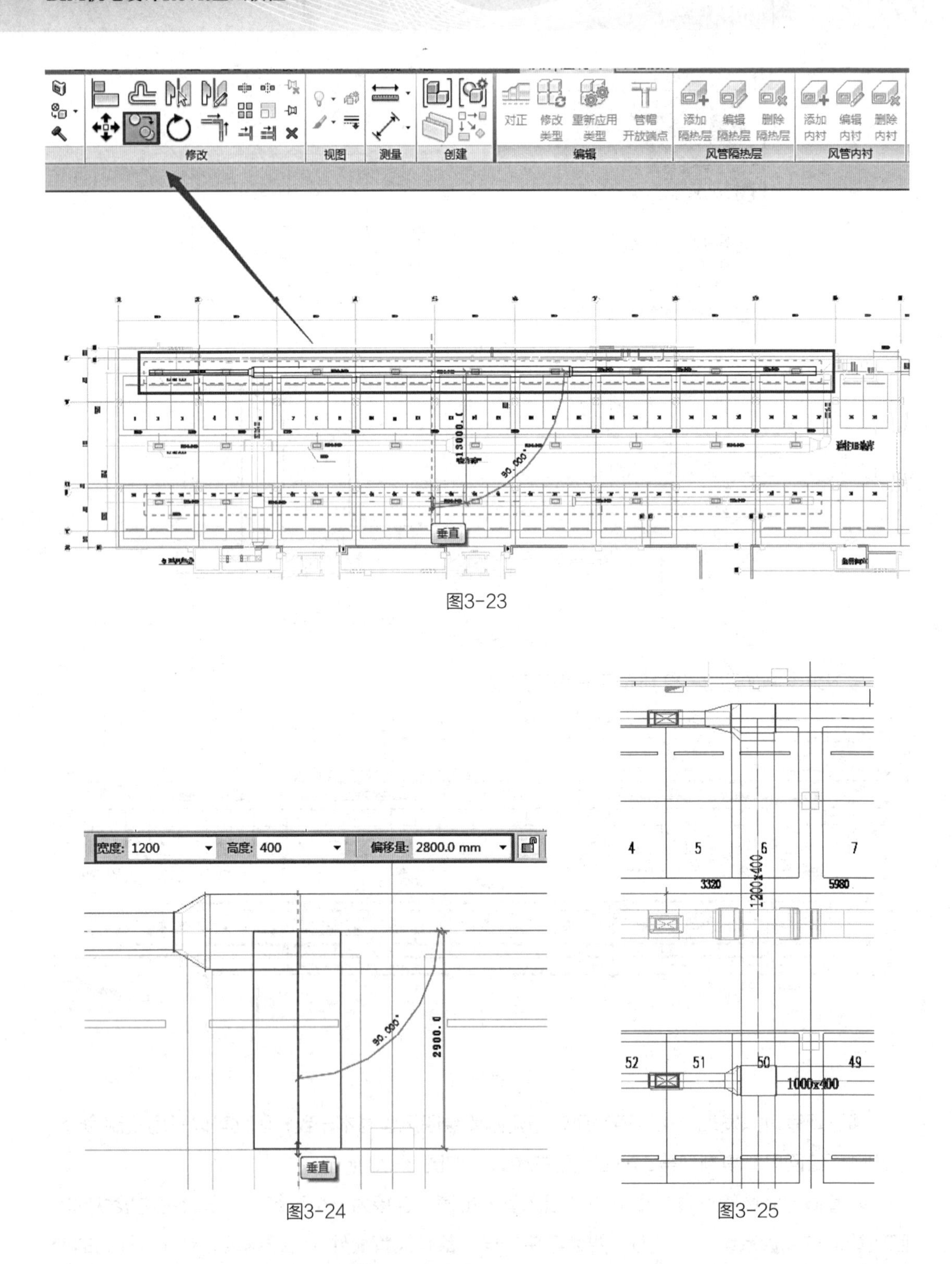

图3-23

图3-24

图3-25

度”设为 400，“偏移量”设为 2800，系统类型选择“HF 回风”。如图 3-25 所示，风管与风管会自动进行连接生成三通或者四通。绘制风管时，可以先不跟 CAD 图纸中对齐，绘制完成后再用对齐命令调整风管位置。

当采用“对齐”命令对齐风管时，可能会出现如图 3-26 所示的提示，这是因为在风管此处没有足够的空间放置变径管与三通，变径管与三通位置发生冲突，此时可以将变径管稍微向左端移动一定的距离，如图 3-27 所示。

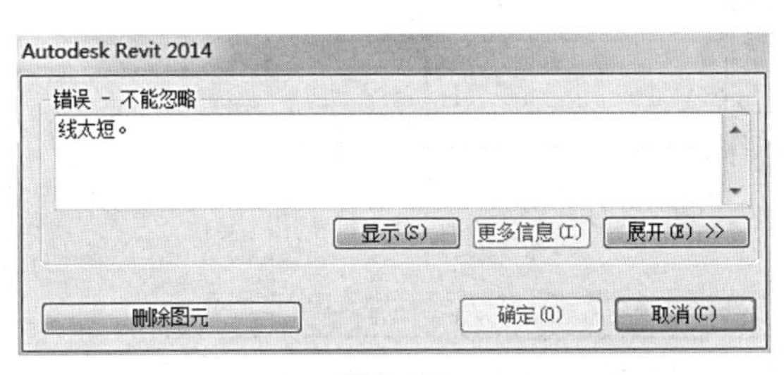

图3-26

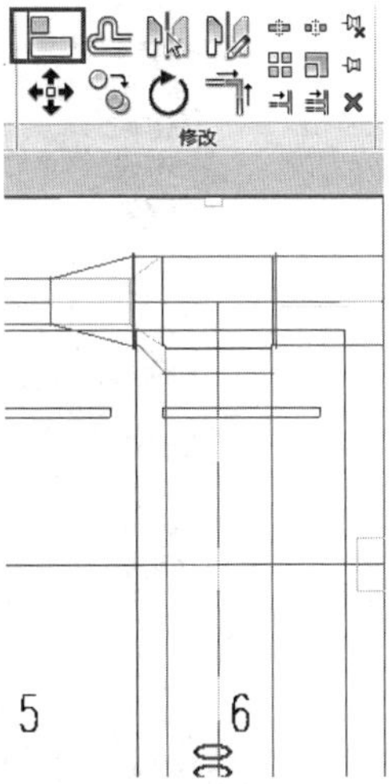

图3-27

接下来绘制主管末端部分。选择刚刚绘制风管末端，右击选择“绘制风管”，设置风管“宽度”为 600，“高度”为 600，单击 CAD 图纸中圆形中心完成此段风管绘制，如图 3-28 所示。然后直接更改风管“偏移量”为 500，绘制如图 3-29 所示风管。

最后需要绘制一段圆形风管，风管类型选择“圆形风管 HF 回风 - 镀锌钢板”，“直径”选择 600，“偏移量”选择 500，绘制如图 3-30 所示圆形风管。

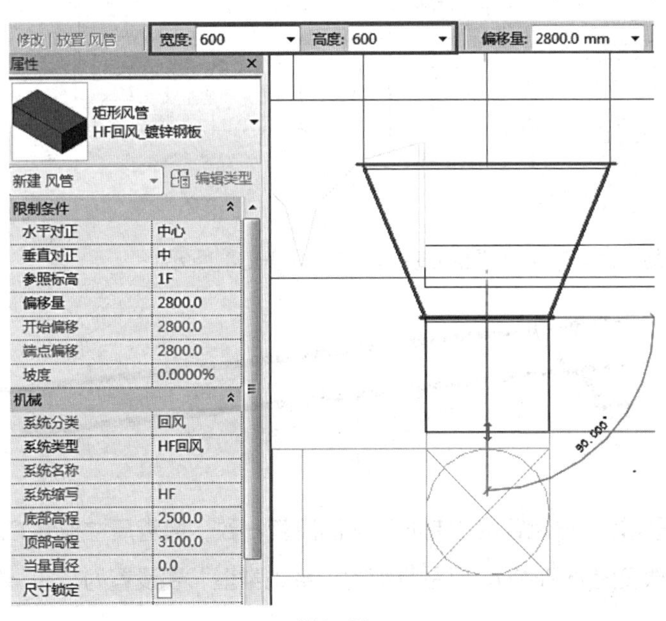

图3-28

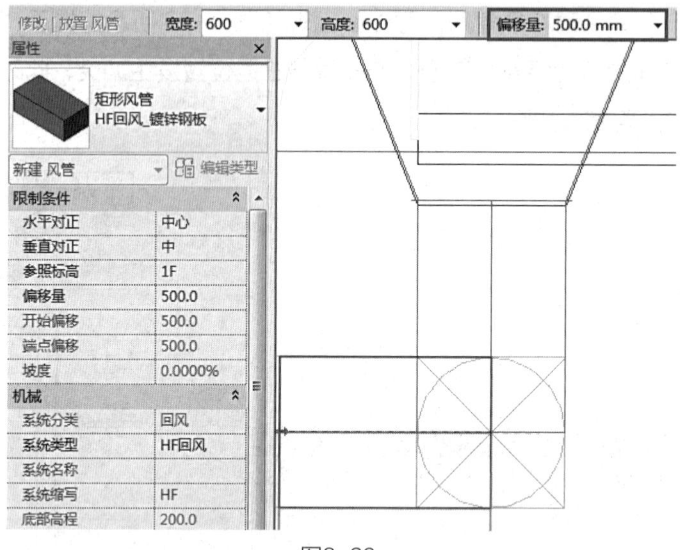

图3-29

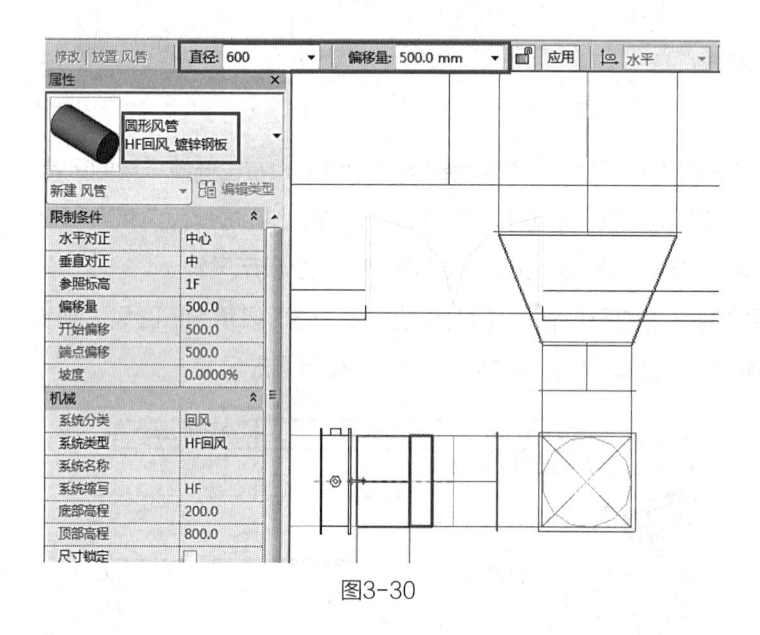

图3-30

至此，整个暖通模型的回风管绘制完毕，如图 3-31 所示。

图3-31

接下来绘制送风管。送风管的绘制方法与回风管一致，风管尺寸根据 CAD 所标注尺寸设定，“偏移量”仍然设置为 2800，只是风管的“系统类型”要设置为“SF 送风”，如图 3-32 所示。

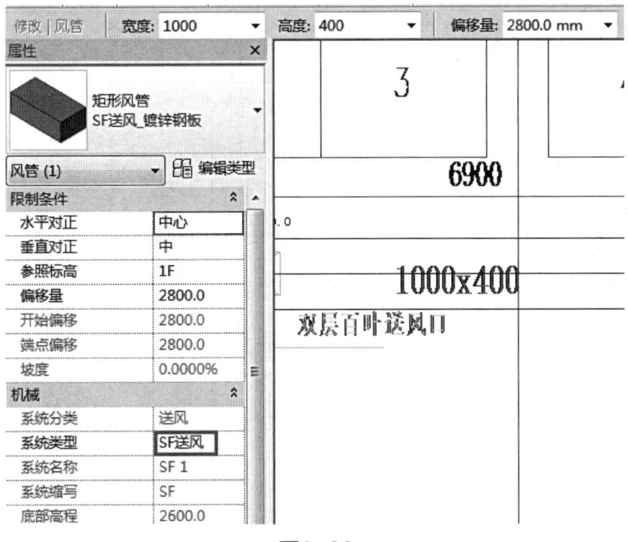

图3-32

这里有一点需要特别说明，由于送风管与回风管整体标高一致，因此在送风管与回风管主管交汇处系统会自动生成四通，从而将两个系统连接，显然这种情况是错误的。所以此处，需要将送风管局部抬高，绕过回风管。从 CAD 图中也可以看到此处有特殊处理，如图 3-33 所示。当送风管绘制到回风主管附件时，更改送风管的“偏移量”为 3300，如图 3-34 所示。横跨过回风主管后，将回风管“偏移量”重新设置为 2800，如图 3-35 所示。绘制完成后平面如图 3-36 所示，转到三维视图，可以看到送风管部分抬高绕过了回风管，避免了碰撞。

绘制送风管末端时，如图 3-37 所示部位。交叉线表示这里有风管的升降，即风管有高程变化。此处风管各构件之间位置比较紧凑，直接按照 CAD 位置放置时比较困难，甚至会报错，因此在绘制时可先拉长各构件之间的相对位置，绘制完毕之后再进行调整。

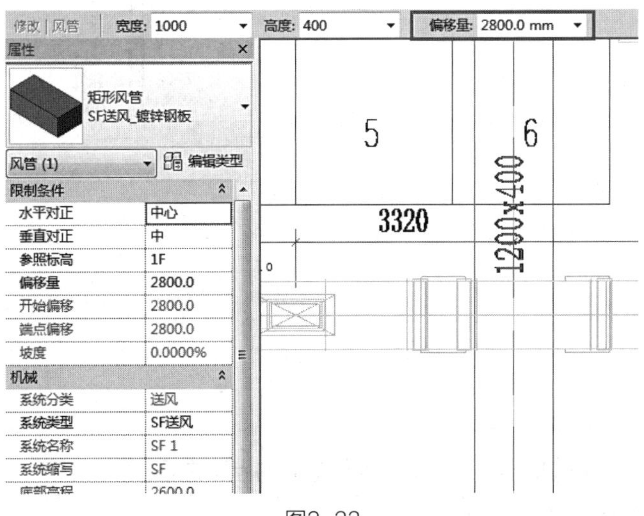

图3-33

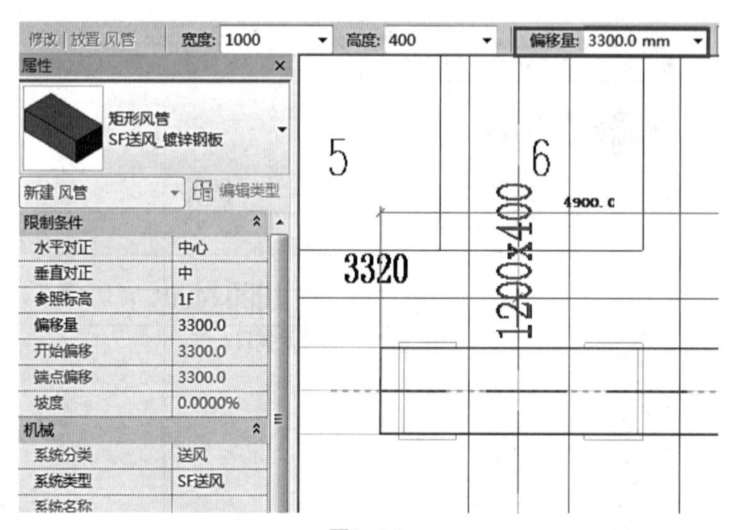

图3-34

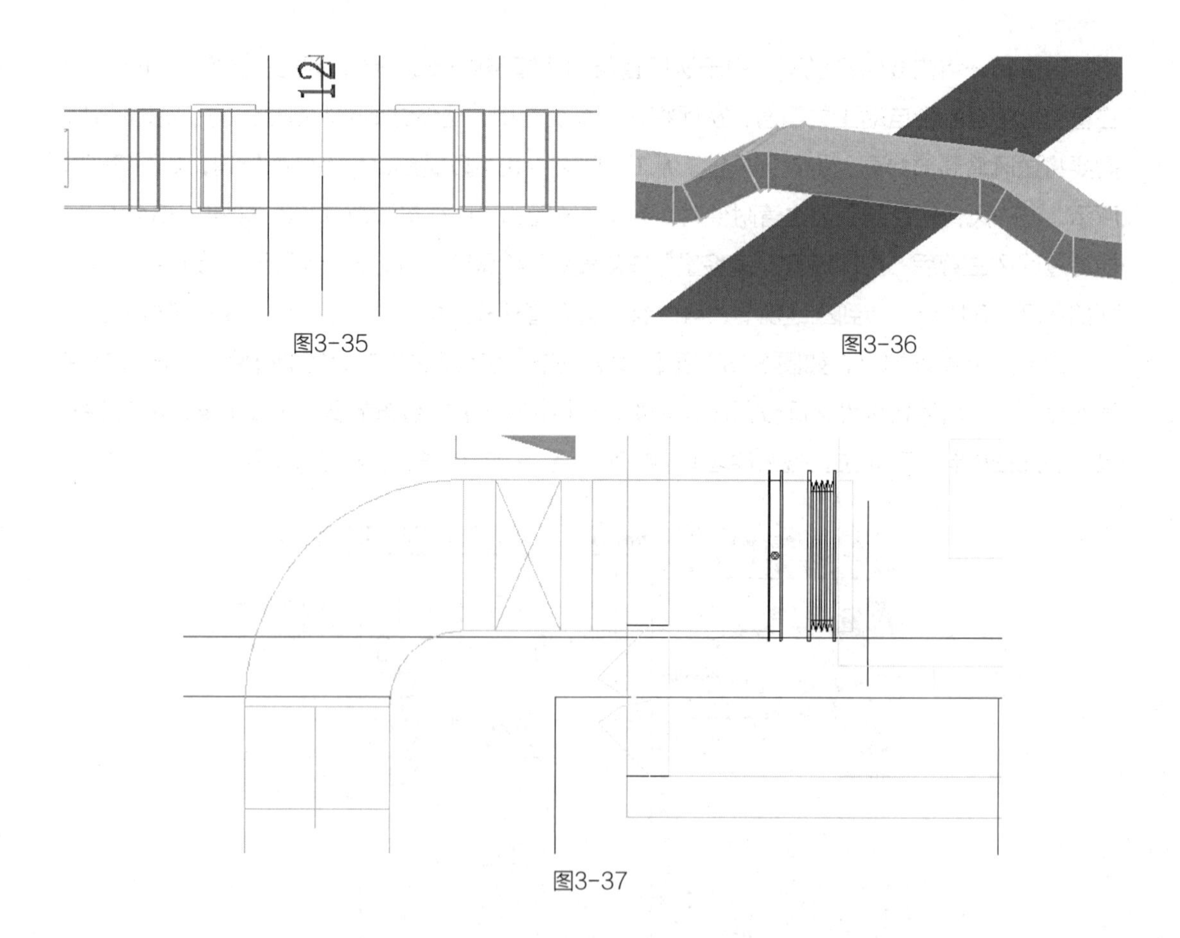

图3-35

图3-36

图3-37

提示：对于构件位置的调整，可以使用电脑上的上下左右键。

所有风管绘制完成之后如图 3-38 所示。

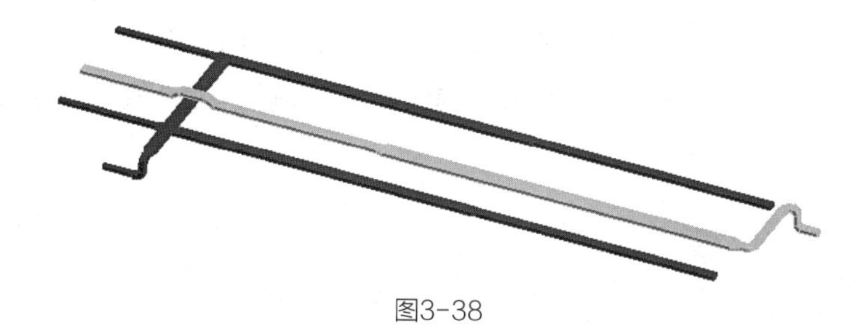

图3-38

可以看到，画出来“SF 送风管”为青色，“HF 回风管”为粉色。风管颜色是通过系统来区分的,一般来说不同的系统有不同的颜色,而系统的颜色是添加在材质中的,如图 3-39 所示。在项目浏览器中族的下拉列表中找到风管系统,右击“HF 回风”选择“类型属性”,如图 3-40 所示，打开回风系统的类型属性对话框。

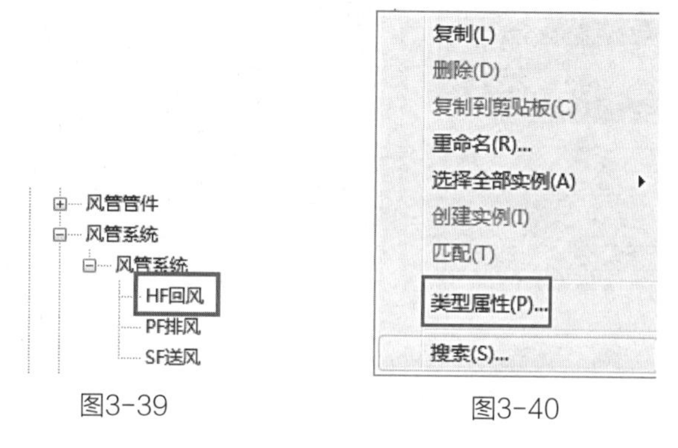

图3-39　　图3-40

在类型属性对话框中单击“图形属性”的“编辑”,如图 3-41 所示,弹出“线图形”对话框,在这里可以设置系统的“线颜色”、“线宽”和“填充图案”。

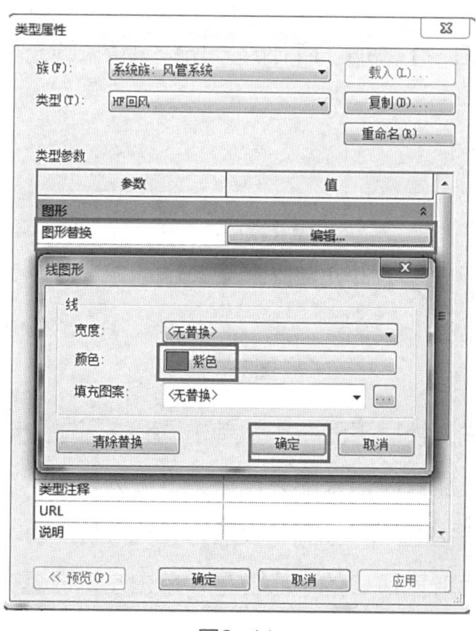

图3-41

在“图形”选项下方是“材质和装饰”选项，这里可以编辑系统的材质，如图 3-42 所示。在弹出的“材质浏览器”中可以为系统添加相应的材质，并将颜色设置在材质中，如图 3-43 所示。

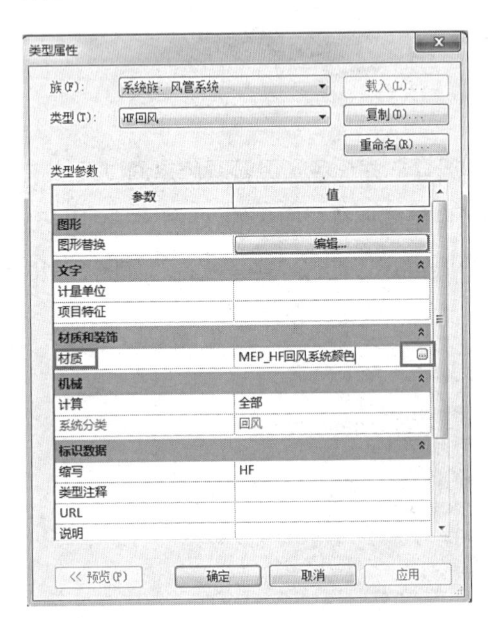

图3-42

图3-43

3.2.3 添加风口

不同的风系统使用不同的风口类型。例如在本案例中，“SF 送风系统”使用的风口为“双层百叶送风口”、“HF 回风口”为“单层百叶回风口”、“新风口”和“室外排风口”等与室外空气相接触的风口在“竖井洞口”上添加“百叶窗”，所以风管末端无需添加百叶风口（如图 3-44 所示）。

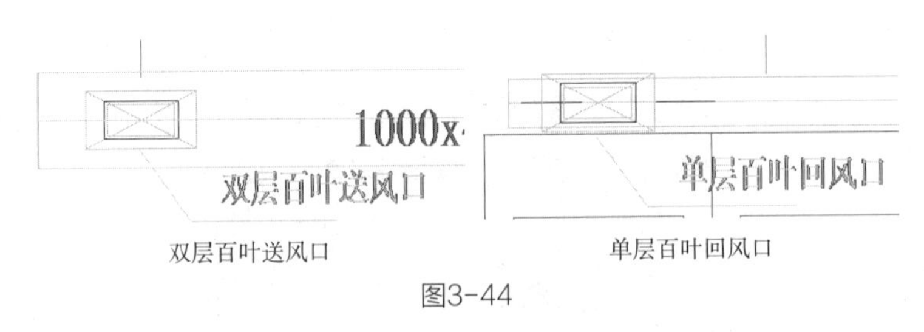

图3-44

在项目浏览器中单击进入楼层平面“1F”，单击“系统”选项卡下“HVAC”面板上的“风道末端”命令，自动弹出“放置风道末端装置”上下文选项卡。在类型选择器中选择所需的“BM_ 单层百叶回风口 - 铝合金”，“标高”设置为 1F，“偏移量”设置为 2200，如图 3-45 所示。将鼠标放置在单层百叶回风口的中心位置，单击左键放置，风口会自动与风管连接。

提示：如果放置时风口方向不对，可以通过空格键进行切换。

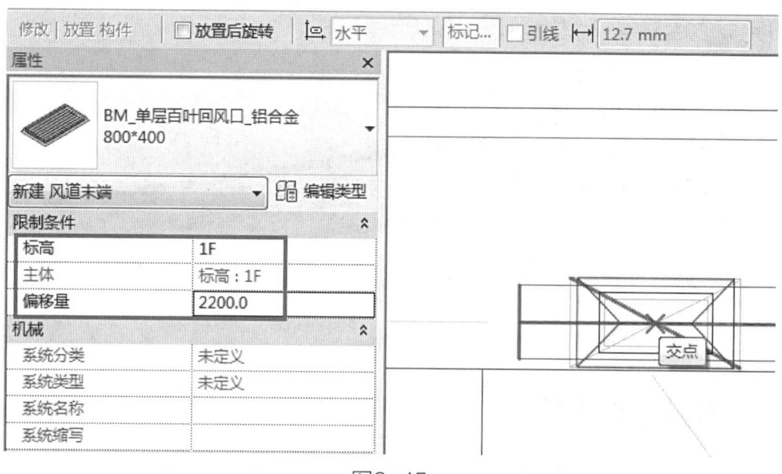

图3-45

绘制完成之后如图 3-46 所示。

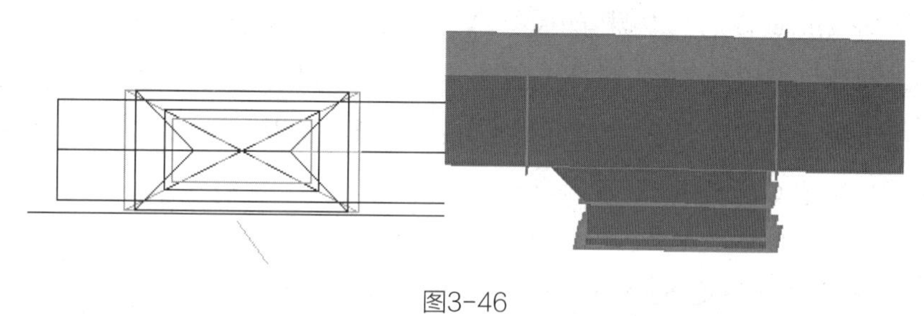

图3-46

同样的方法将其余回风管道上的单层百叶回风口添加完毕。

添加双层百叶送风口。单击“系统”选项卡下“HVAC”面板上的“风道末端”命令，自动弹出“放置风道末端装置”上下文选项卡。在类型选择器中选择所需的“BM_双层百叶送风口”，“标高”设置为 1F，“偏移量”设置为 2200，如图 3-47 所示。将鼠标放置在双层百叶送风口的中心位置，单击左键放置，风口会自动与风管连接。

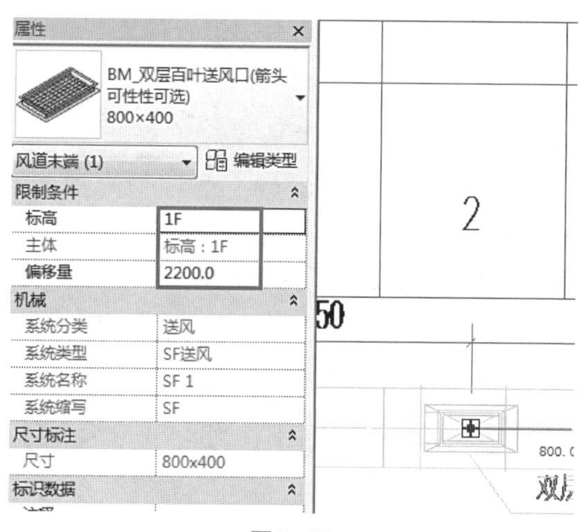

图3-47

风口添加完成之后三维模型如图 3-48 所示。

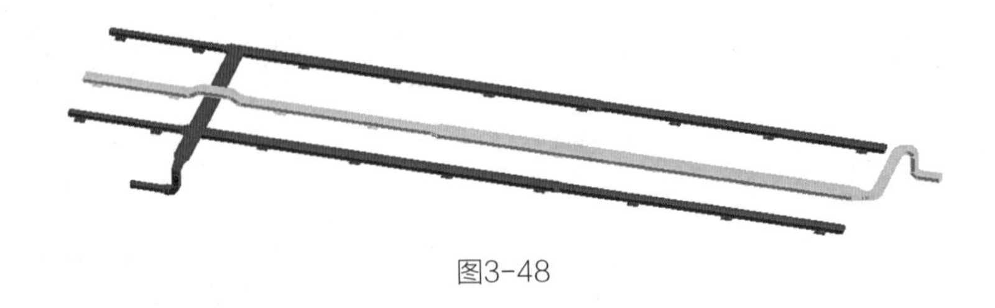

图3-48

3.2.4　添加并连接空调机组

机组是完整的暖通空调系统不可或缺的机械设备。有了机组的连接，送风系统、回风系统和新风系统才能形成完整的中央空调系统。了解机组有助于读者了解“系统”的含义。

单击“系统”选项卡下“机械”面板上的“机械设备”，在类型选择器中选择“BM_ 空调机组”，“偏移量”设置为 500，然后在绘图区域内将机组放置在 CAD 底图机组所在的位置，单击鼠标左键，即将机组添加到项目中。按空格键，可以改变机组的方向。放置完成后用对齐命令将机组与 CAD 底图对齐，如图 3-49 所示。

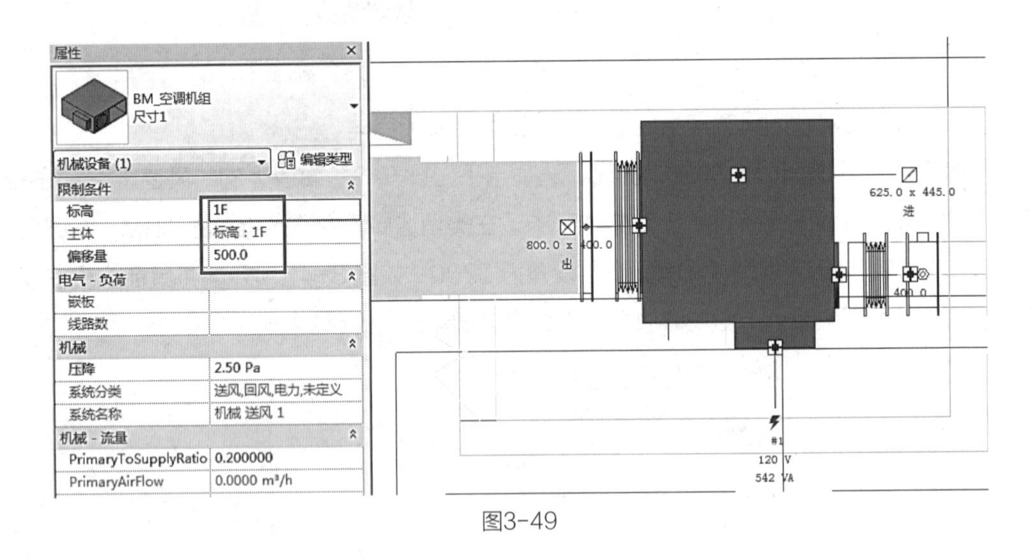

图3-49

机组放置完成后，拖动左侧通风管道使其与机组相连。捕捉机组连接点时可使用 Tab 键进行切换捕捉，如图 3-50 所示。

单击选择空调机组，右击右侧风管连接件，如图 3-51 所示，单击绘制风管。从风管类型选择器中选择“矩形风管 SF 送风 _ 镀锌钢板”，如图 3-52 所示，绘制与空调机组连接的另一条风管。

三维视图如图 3-53 所示。

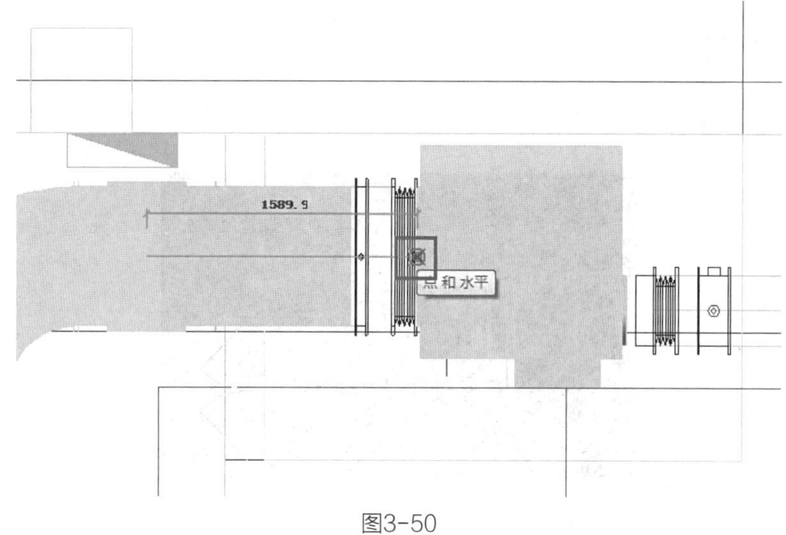

图3-50

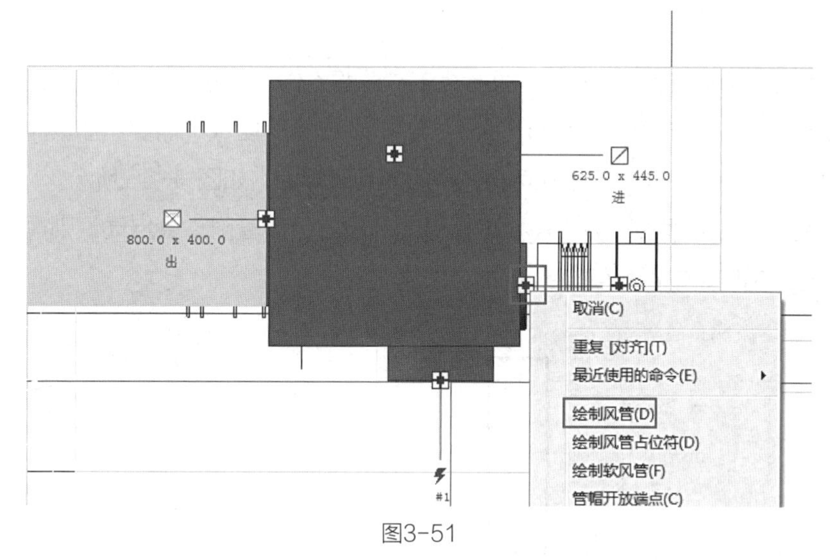

图3-51

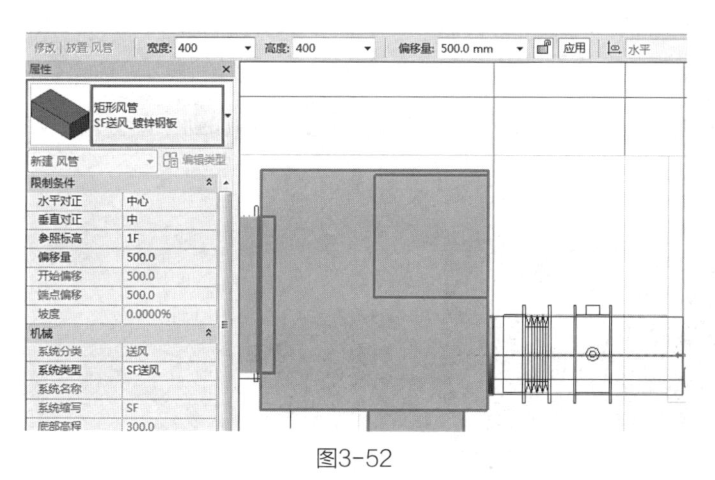

图3-52

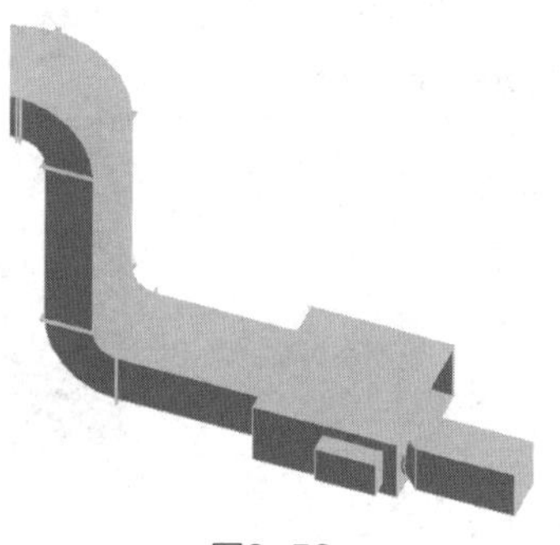

图3-53

3.2.5 添加风管附件

风管附件包括风阀、防火阀、软连接等如图 3-54 所示。

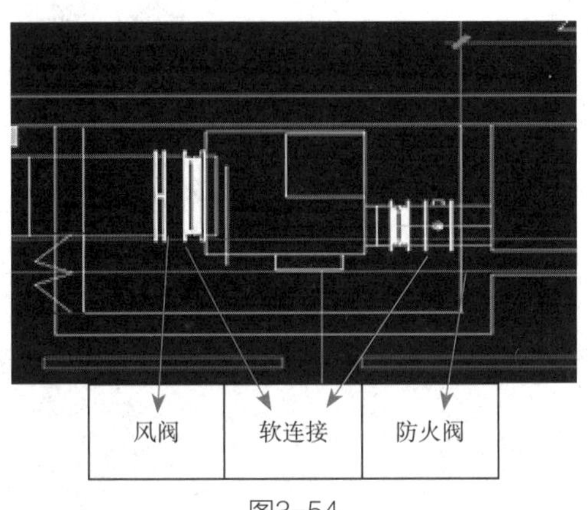

图3-54

单击“常用”选项卡下“HVAC”面板上的“风管附件”命令,自动弹出“放置风管附件”上下文选项卡。在类型选择器中选择“BM_ 风阀”，在绘图区域中需要添加风阀的风管合适的位置的中心线上单击鼠标左键，即可将风阀添加到风管上，如图 3-55 所示。

提示：风管附件的添加一般不需要设置标高及尺寸，风管附件会自动识别风管的标高及尺寸，放置时只需确定位置即可。

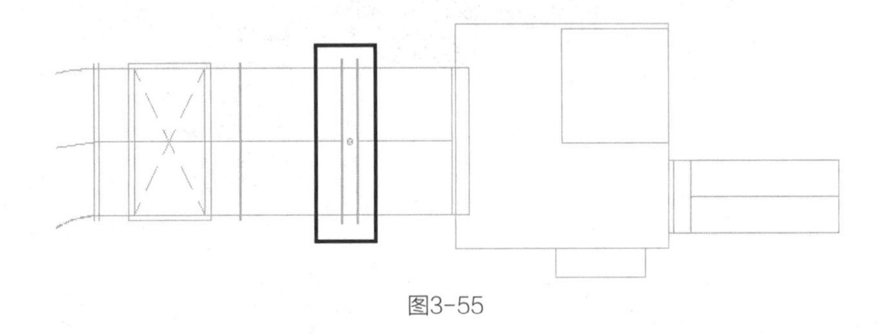

图3-55

与上述步骤相似，在类型选择器中选择“防火阀”和“风管软接”，添加到合适位置，如图 3-56 所示。

图 3-56

3.2.6　添加排风机

单击“系统”选项卡下“机械”面板上的“机械设备”，在类型选择器中选择“BM_轴流排风机_自带软接”。与放置机组不同，排风机放置方法是直接添加到绘制好的风管上。选择排风机之后单击风管中心线上某一点即可放置风机，如图3-57所示。

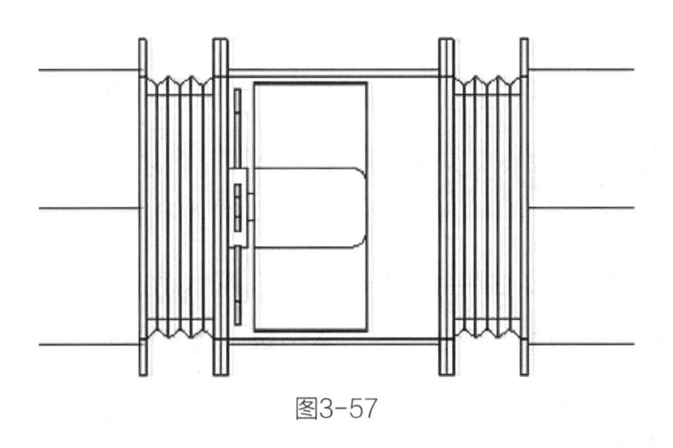

图3-57

排风机放置完成后再添加相应的风管附件，此处的防火阀要使用“BM_防火阀_圆形_碳钢”，添加完成之后如图3-58所示。

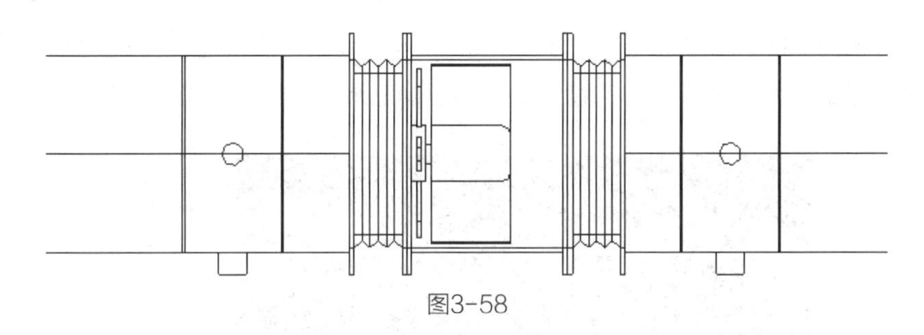

图3-58

至此，整个暖通模型搭建完成，如图3-59所示。

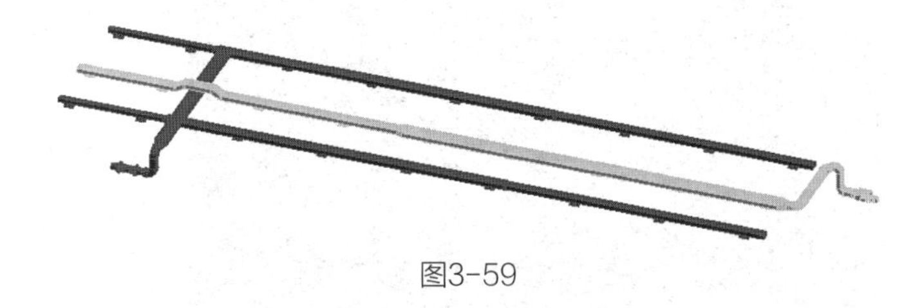

图3-59

第 4 章　给水排水专业 BIM 应用案例

4.1　给水排水模型的绘制

水管系统包括空调水系统、生活给水排水系统及雨水系统等。空调水系统分为冷冻水、冷却水、冷凝水等系统。生活给水排水分为冷水系统、热水系统、排水系统等。本章主要讲解水管系统在 Revit 中的绘制方法。

案例“地下车库给水排水模型”中，需要绘制的有热给水、热回水、普通给水、雨水管，添加各种阀门管件，并与机组相连，形成生活用水系统。需要说明的是本案例中的空调水部分（热供水和热回水）不属于给水排水范畴，但由于都属于管道绘制范畴，所以统一在这里绘制。

在地下车库水管平面布置图中，各种管线的意义如图 4-1 所示：绘制水管时，需要注意图例中各种符号的意义，使用正确的管道类型和正确的阀门管件，保证建模的准确性。

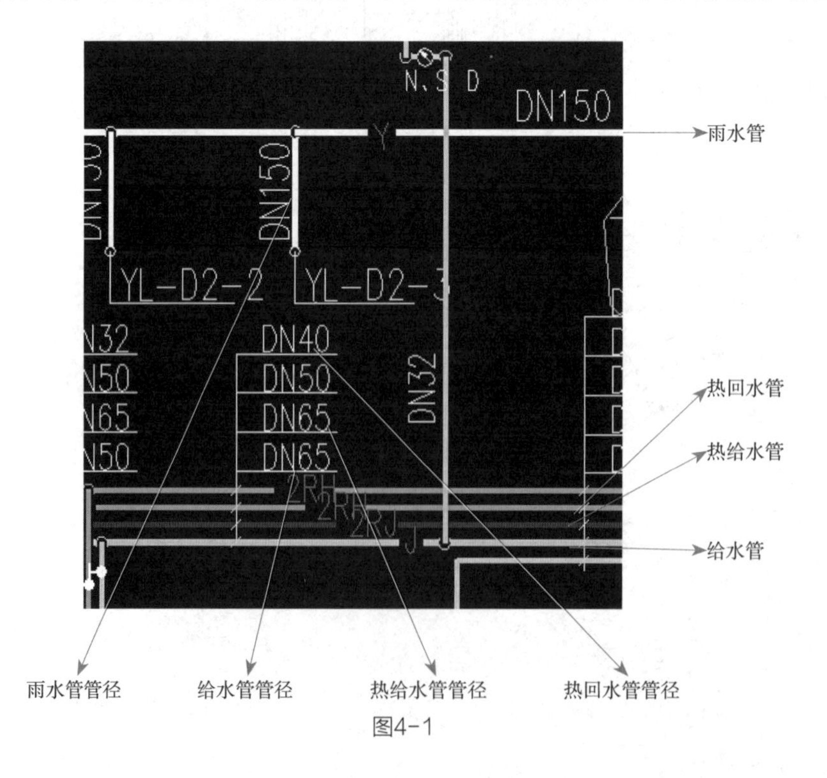

图4-1

绘制水管系统常用的工具在“系统”面板下的“卫浴和管道”中，如图 4-2 所示，熟练掌握这些工具及快捷键，可以提高绘图效率。

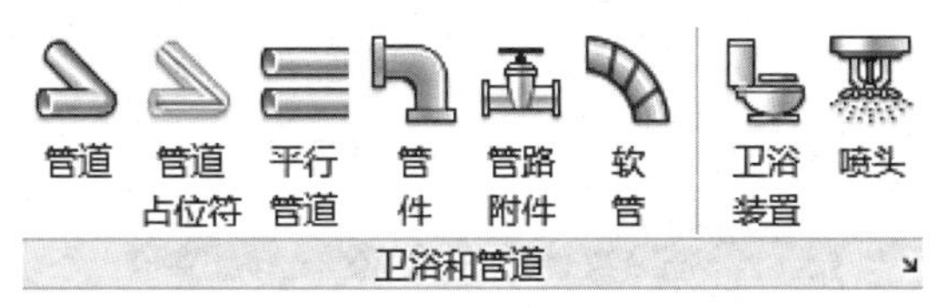

图4-2

4.1.1　导入 CAD 底图

打开之前保存的“地下车库 - 给排水模型”文件，在项目浏览器中选择“水 - 建模 - 给排水”双击进入楼层平面“1F- 给排水”平面视图，单击“插入”选项卡下“导入”面板中的“导入 CAD”，单击打开“导入 CAD 格式”对话框，从“地下车库 CAD”中选择“地下车库水施图”DWG 文件，具体设置如图 4-3 所示。

图4-3

导入之后将 CAD 先进行解锁，然后与项目轴网对齐后锁定。之后在属性面板选择“可见性 / 图形替换”，在“可见性 / 图形替换”对话框中“注释类别”选项卡下，取消勾选“轴网”，然后单击两次“确定”。隐藏轴网的目的在于使绘图区域更加清晰，便于绘图，如图 4-4 所示。

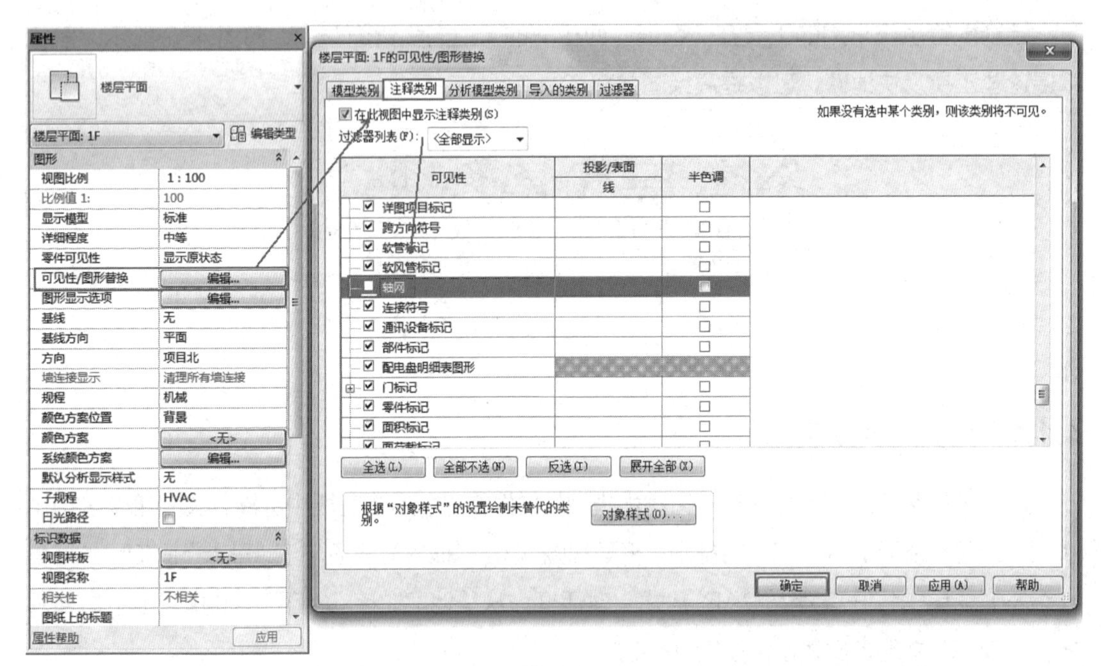

图4-4

4.1.2 绘制水管

水管的绘制方法大致和风管一样，本项目从给水管开始画。

在“系统”选项卡下，单击“卫浴和管道”面板中的“管道”工具，(或输入快捷键 PI)，在自动弹出的“放置管道”上下文选项卡中的选项栏里选择需要“直径”40，修改“偏移量”为 2500，“管道类型”选择“J 给水 _ 不锈钢管”，“系统类型”选择 J 给水系统，如图 4-5 所示，

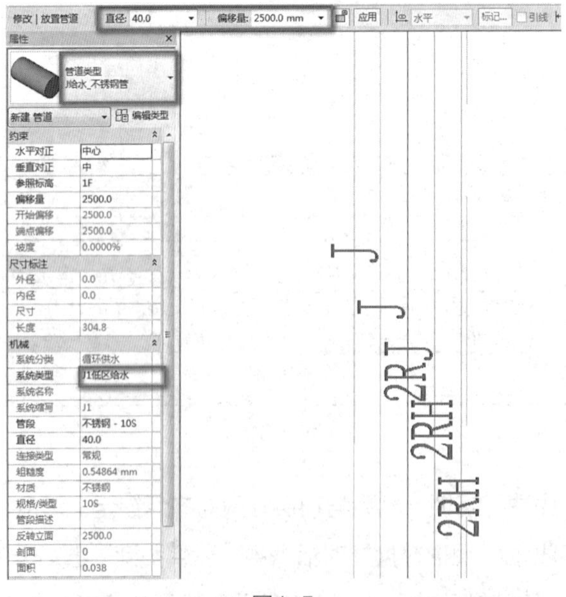

图4-5

设置完成之后在绘图区域绘制水管。首先在起始位置单击鼠标左键，拖拽光标到需要转折的位置单击鼠标左键，再继续沿着底图线条拖拽光标，直到该管道结束的位置，单击鼠标左键，然后按“ESC”键退出绘制。绘制完成时用对齐命令将管道与 CAD 底图对齐（对齐时选择对齐对象时要选择管道，管件不能对齐）。

提示：管道在精细模式下为双线显示，中等和粗略模式下为单线显示。

在管道的变径处，直接在“放置管道”上下文选项卡中的选项栏里修改“直径”为 20，然后继续绘制管道，如图 4-6 所示。

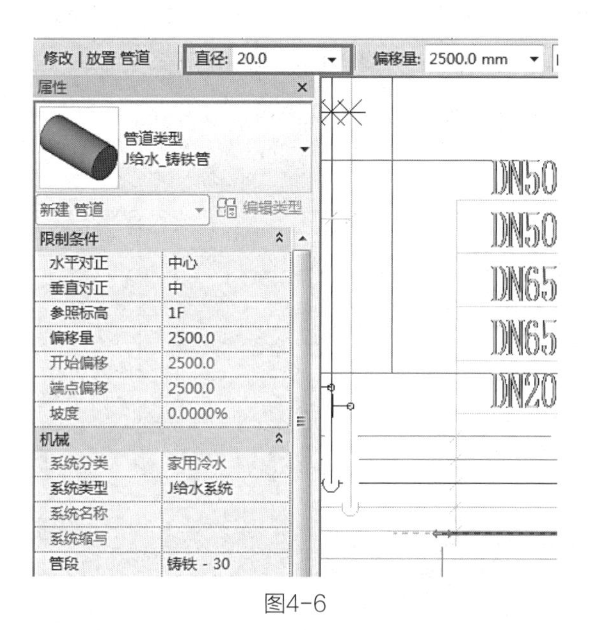

图4-6

在该管道末端是一个向下的立管，绘制立管时，直接在“放置管道”上下文选项卡中的选项栏里修改“偏移量”，此处设置为 1000，如图 4-7 所示，然后单击“应用”即可自动生成相应的立管，结果如图 4-8 所示。

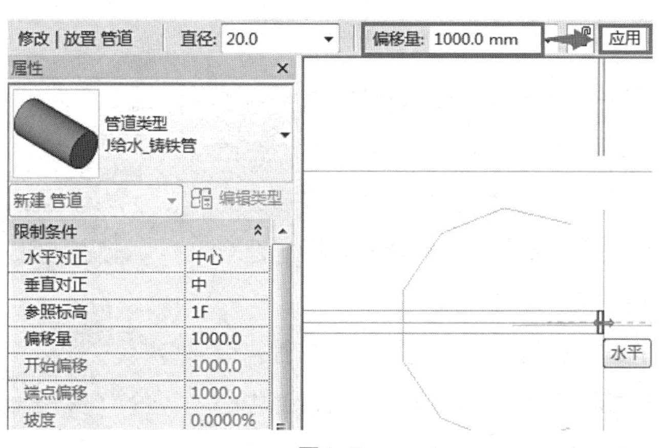

图4-7

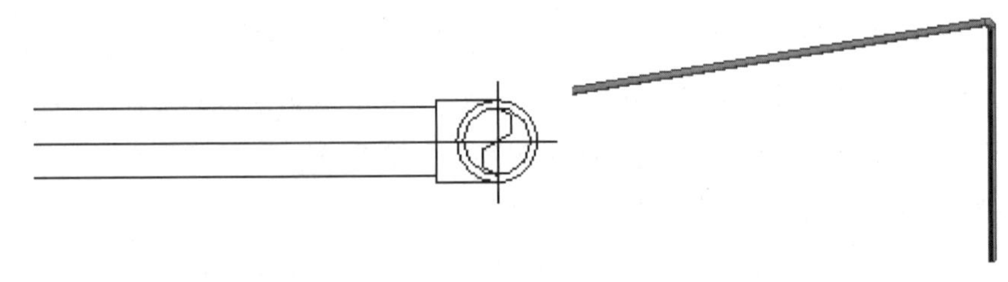

图4-8

在管道系统中，弯头、三通和四通之间可以互相变换。图中所示拐角位置需要连接三根管道，单击选中“弯头”，可以看到在弯头另外两个方向会出现两个“+”，单击图中所示位置的“+”，可以看到弯头变成了三通，如图 4-9 所示。同样，单击选中“三通”，会出现“—”，单击“—”三通可以变为弯头，如图 4-10 所示。

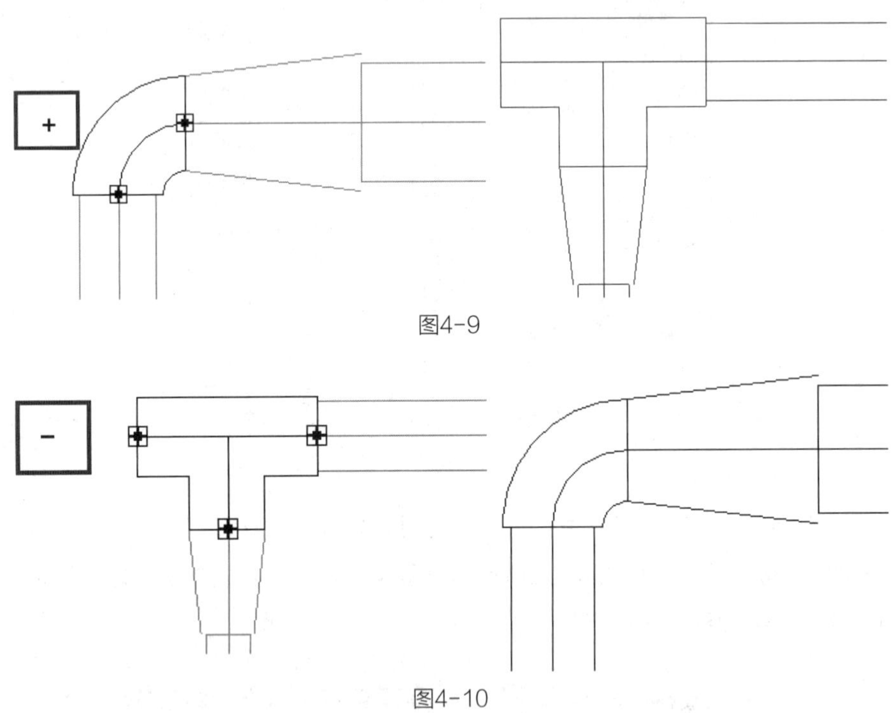

图4-9

图4-10

接着三通绘制另一根管道。单击选择三通，右击三通构件，如图 4-11 所示，选择“绘制管道”。在此交叉口管道有变径，因此绘制管道时直径要选择 20。沿 CAD 中管道路径进行绘制，此段支路末端同样是一根底标高为 1000 的立管，画法同前。

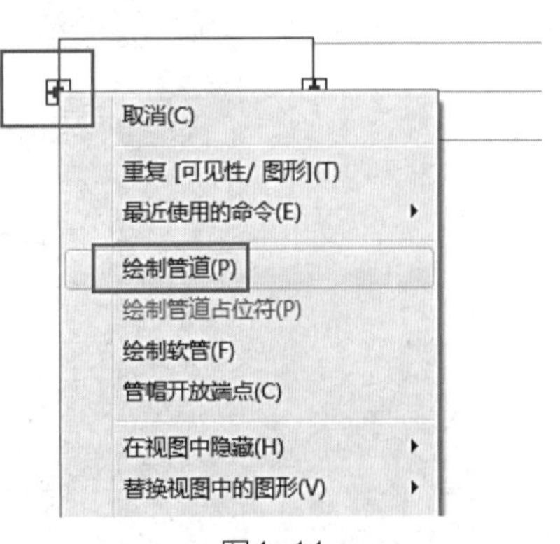

图4-11

图中所示位置的圆形符号表示一根向上的立管。单击“管道”命令，按如图所示进行设置，单击管道中心位置，然后再对管道标高进行修改，如图 4-12 所示，“偏移量”设置为 4500，单击“应用”，系统自动生成相应立管。

由 CAD 图纸标注可以看出，立管分支处管道直径有变化，由之前的 40 变为 25。选中

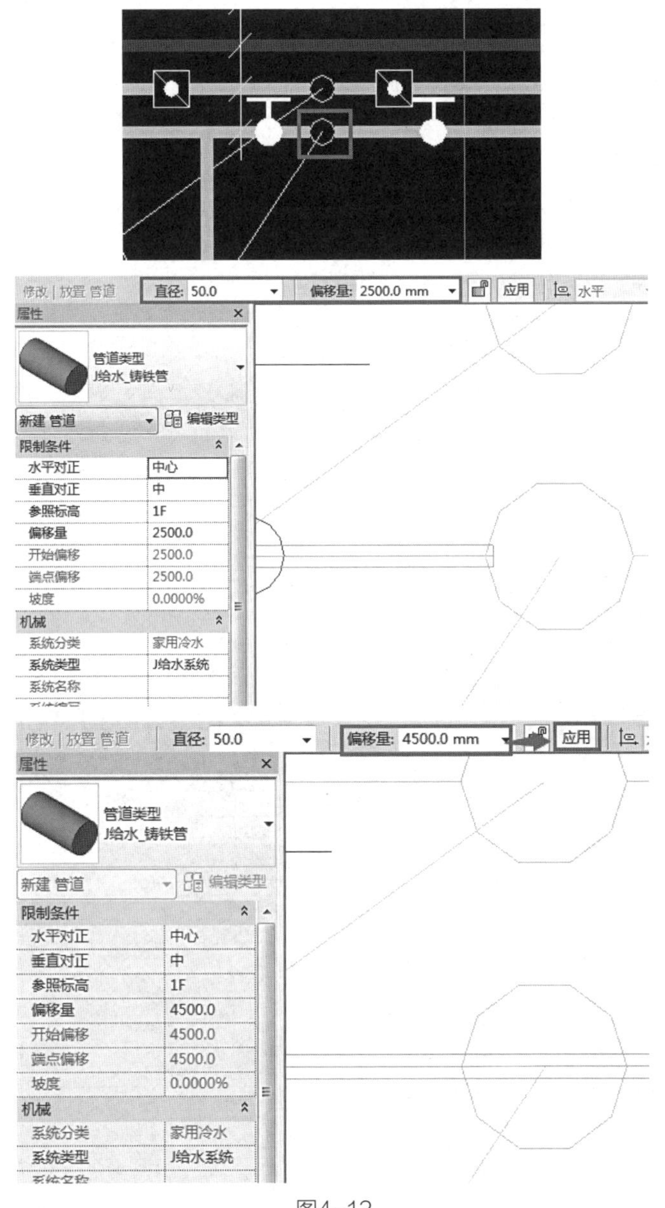

图4-12

需要变径的管道及三通，如图 4-13 所示，调整直径，设置为 25。修改完毕之后就完成了第一道给水管的绘制，结果如图 4-14 所示。

接着绘制另一根给水管。仍然从末端开始画，绘制方法与之前相同，按如图 4-15 所示对管道进行设置，然后沿管道路径绘制管道即可。

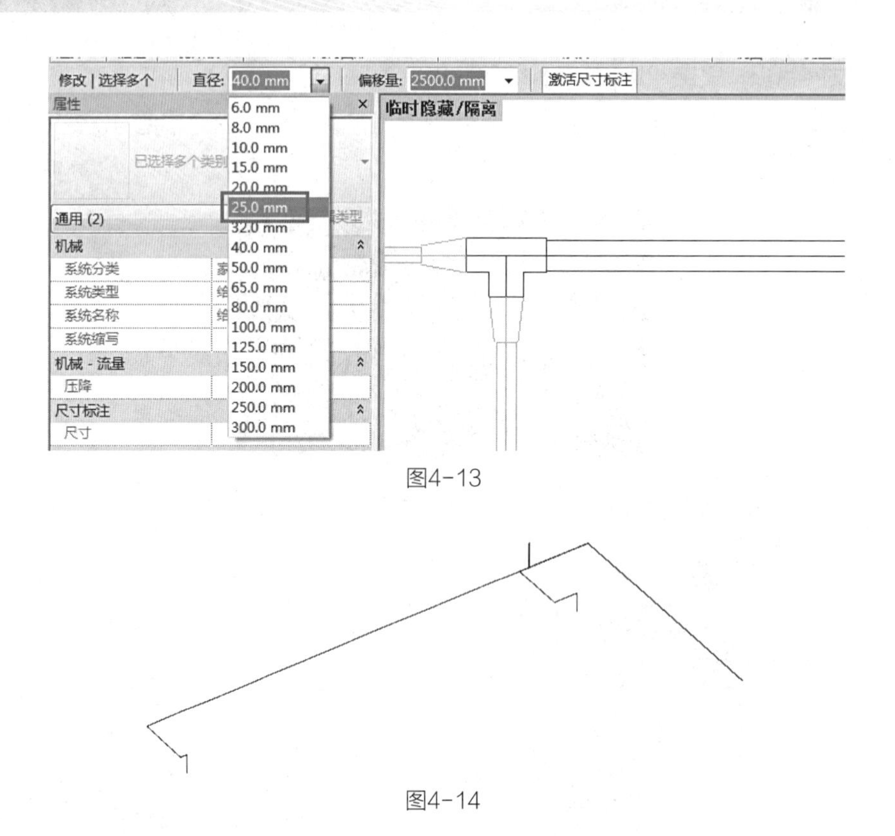

图4-13

图4-14

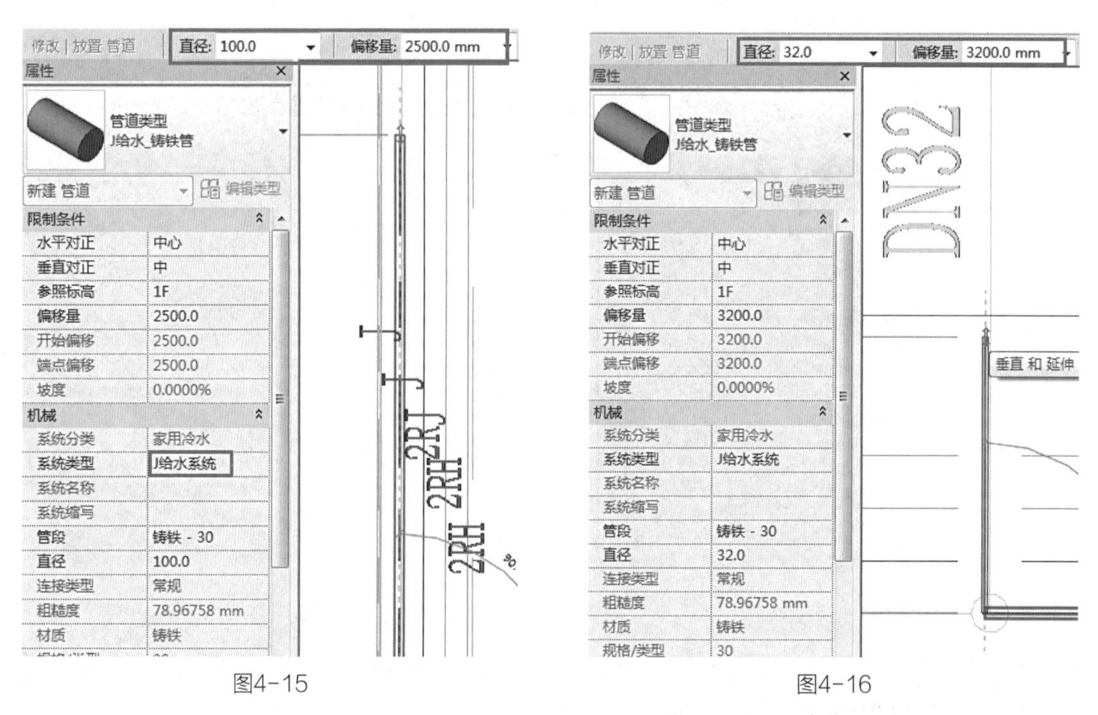

图4-15

图4-16

在分叉处，设置完尺寸和标高之后绘制管道，起始位置要选择已绘制管道的中心，如图4-16 所示，这样管道才能自动连接。

如图 4-17 所示位置为水表井。此处管道要下降到一个适合人观察的高度，以便观察仪表的读数。如图 4-18 所示，下降管道“偏移量”设置为 1000（水平管道）。下降之后管道还要回升到最开始的高度（左侧竖向管道），如图 4-19 所示，管道“偏移量”重新设置为 3200。此段给水管绘制完成之后如图 4-20 所示。

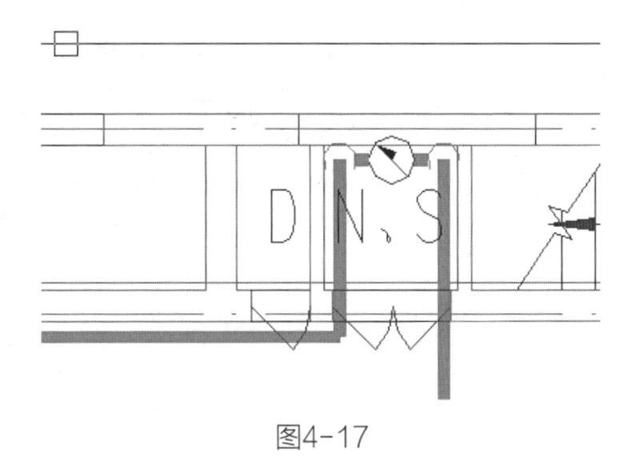

图4-17

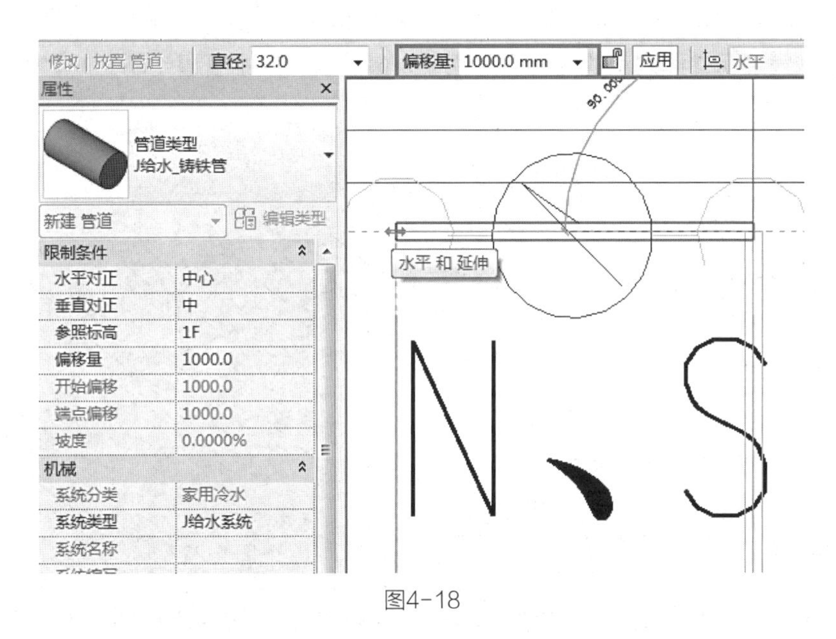

图4-18

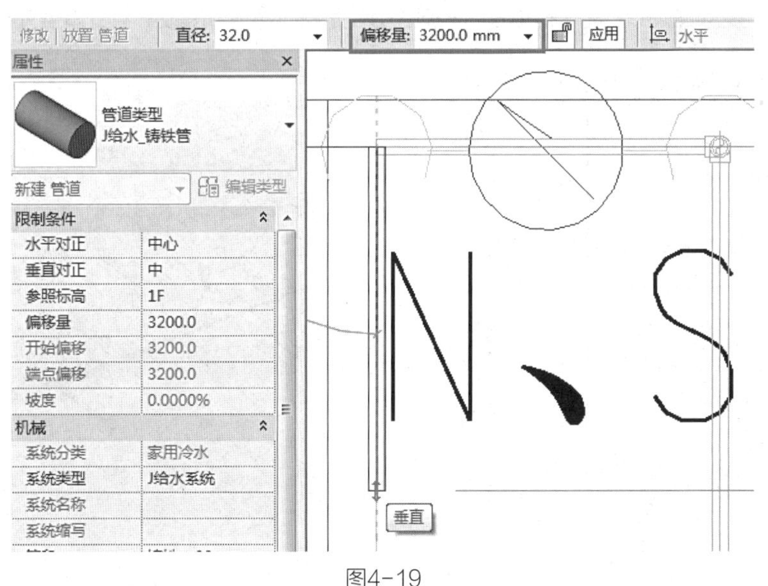

图4-19

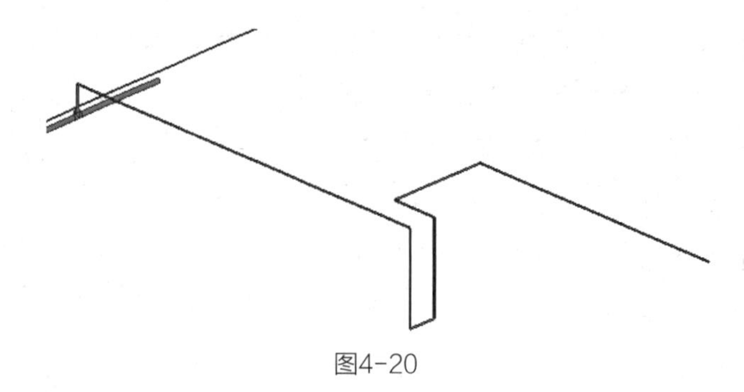

图4-20

下一个分支处管道绘制方法与上一个相同，具体管道标高按图 4-21 所示进行设定。

其余给水管道可参照之前的绘制方法绘制，最后所有给水管道绘制完成之后如图 4-22 所示。

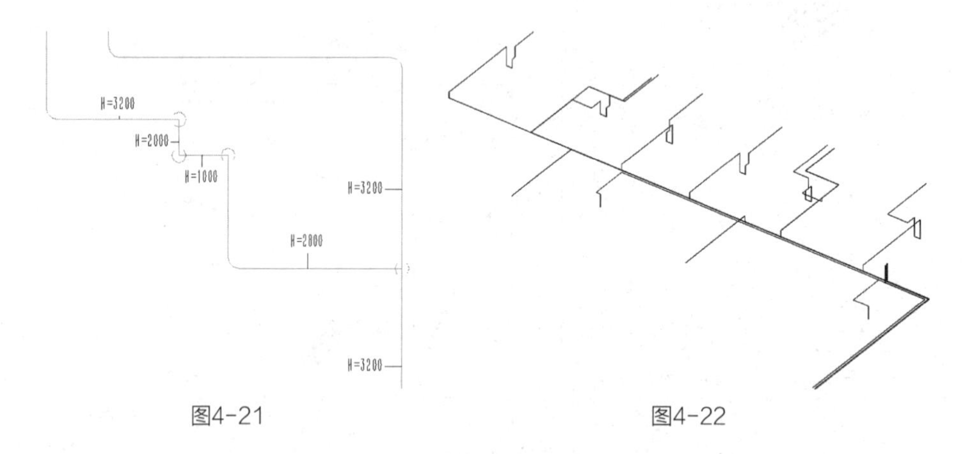

图4-21　　图4-22

给水管道绘制完成之后，依顺序绘制热给水管道（CAD 中深蓝色管道）。绘制热给水管道时“系统类型”要选择热给水系统，如图 4-23 所示。热给水管道绘制完毕后模型如图 4-24 所示。

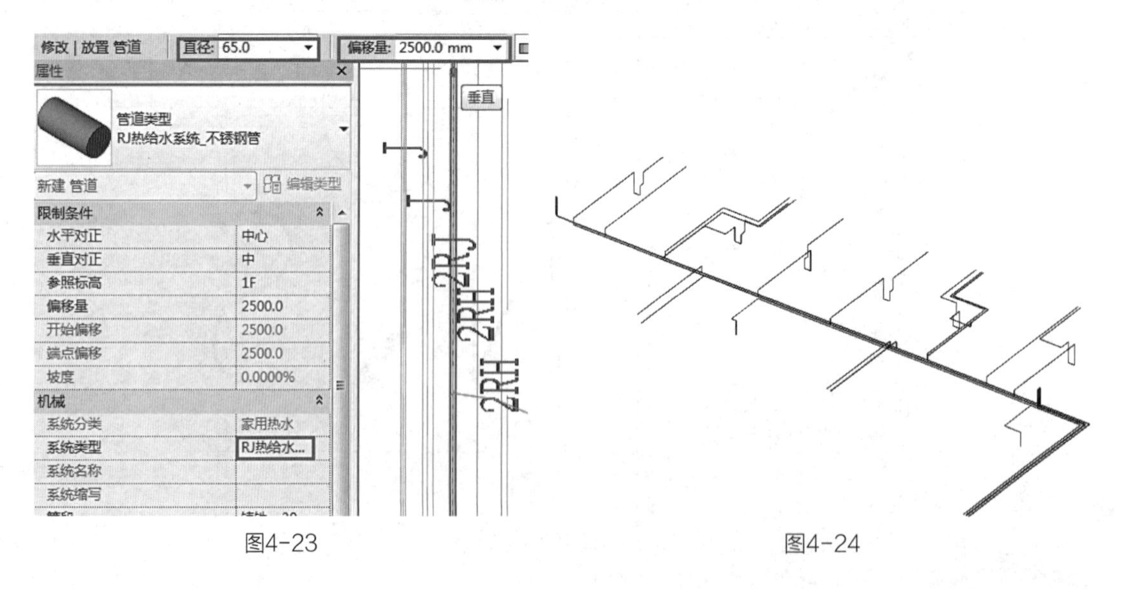

图4-23　　图4-24

绘制热回水管道时，“系统类型”要选择相应的热回水系统，如图 4-25 所示。

热回水管道绘制完成之后模型如图 4-26 所示。

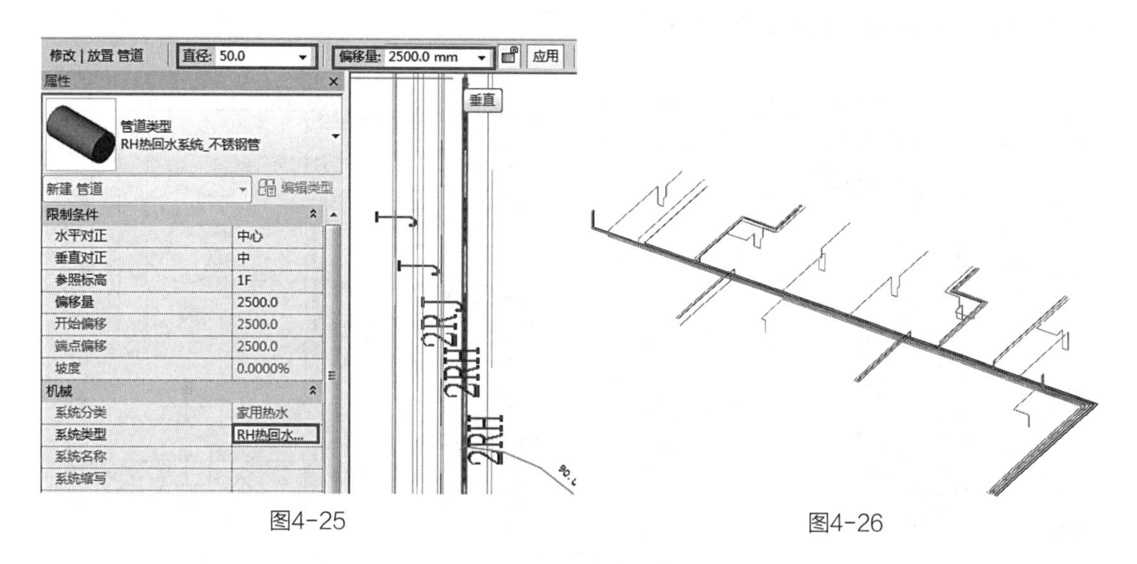

图4-25　　　　图4-26

最后绘制雨水管。雨水管是重力流管道（管道内部无压力，依靠重力由高处向低处流），绘制时需要带坡度。如图 4-27 所示，“直径”设置为 200，“偏移量”设置为 2500，在“修改 | 放置管道”选项卡中选择“向上坡度”，坡度值选择 1.0000%，从末端开始绘制。

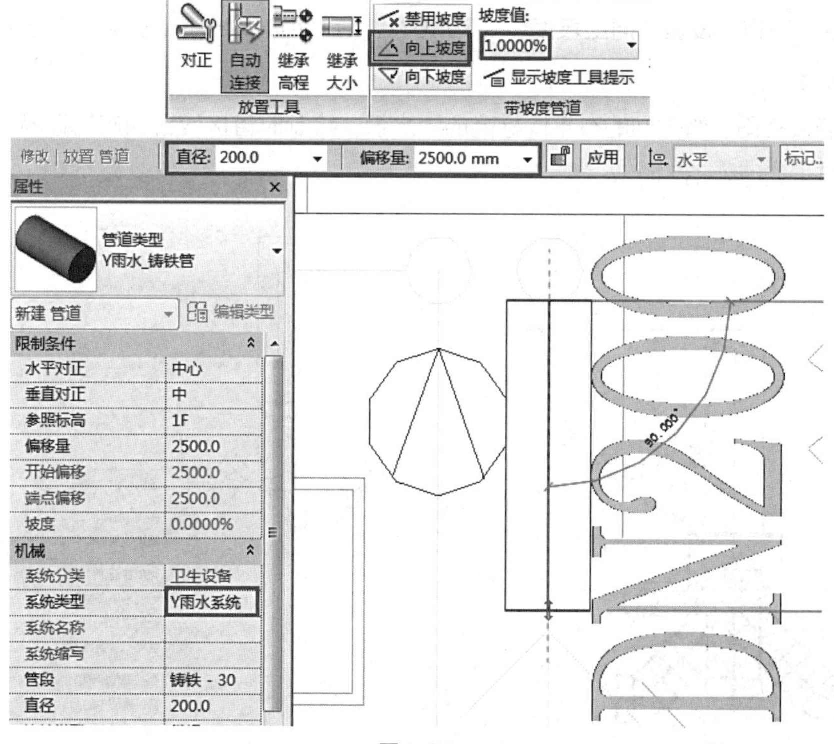

图4-27

绘制到四通处按“ESC”键退出绘制。单击“系统”>“管件”,选择“45° 斜四通 - 承插”，偏移量设置为 2500，然后在空白处单击放置。可以注意到，这个四通的方向不对，因此需要通过空格键将其旋转，如图 4-28 所示。

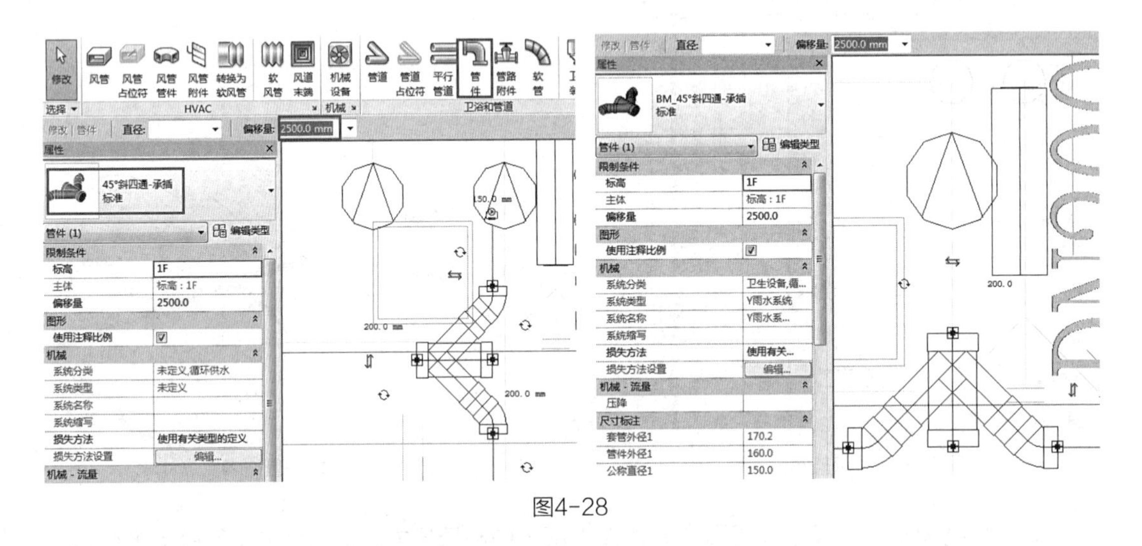

图4-28

旋转之后，将四通移动到雨水管下方，通过捕捉虚线使四通与管道对齐。单击雨水管，拖动雨水管下方拖拽点，使其与四通进行连接，如图 4-29 所示。四通连接好之后以四通为起始端绘制与其连接的两根雨水管，选择四通，右击四通右侧拖拽点，选择绘制管道，如图 4-30 所示。同样，设置“向上坡度”1.0000%，沿 CAD 图纸所示管道方向绘制管道，如图 4-31 所示。

对于连接在雨水管中间的有不同标高的雨水管，绘制时直接设置相应的标高，然后按图纸绘制即可，如图 4-32 所示。

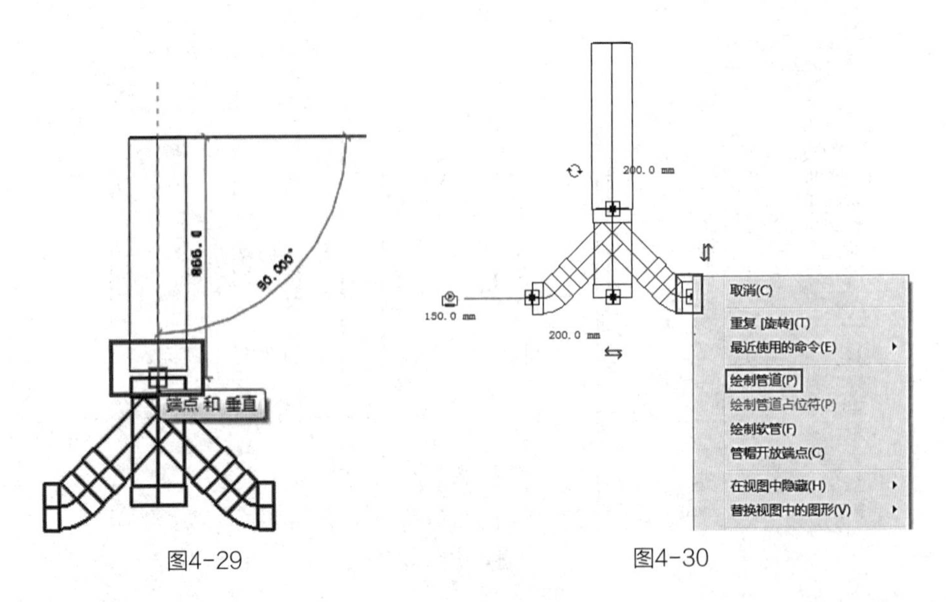

图4-29　　图4-30

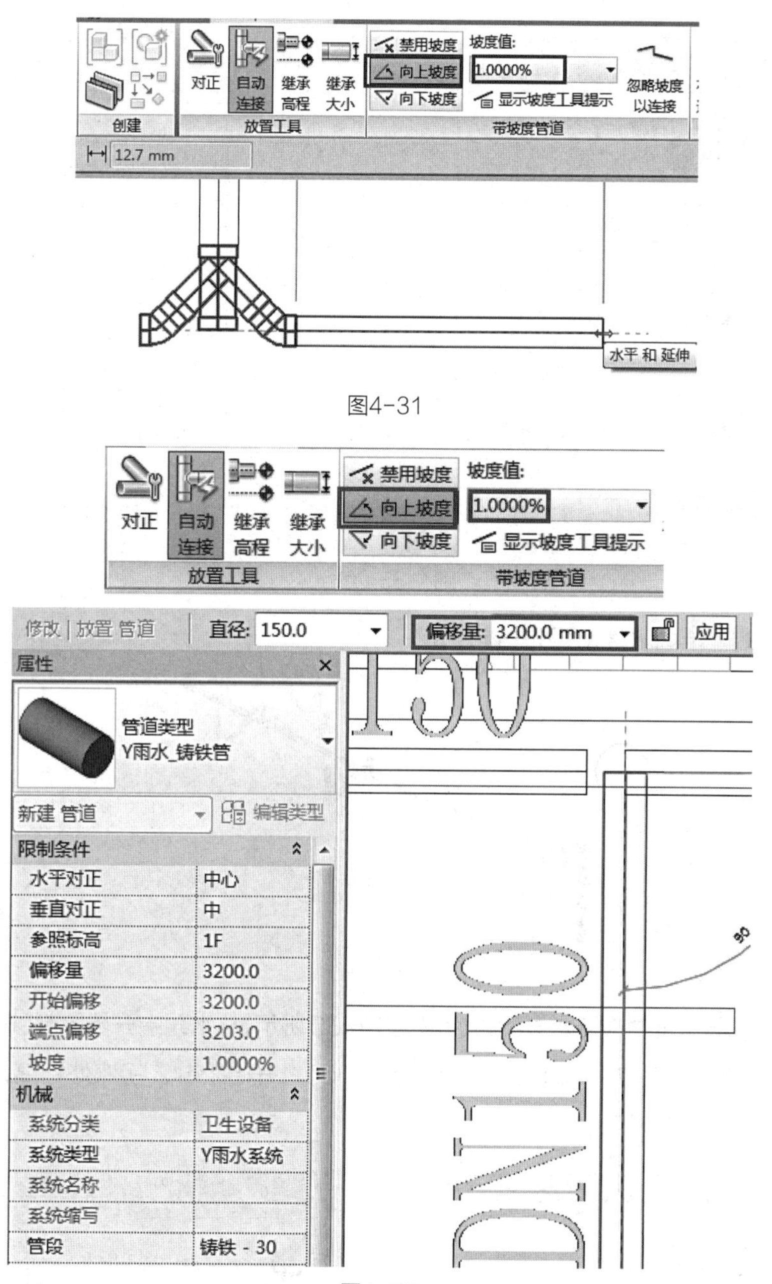

图4-31

图4-32

绘制管道末端的立管时，管道坡度需要设置为“禁用坡度”，“标高”设置为 -1000，单击应用，如图 4-33 所示。

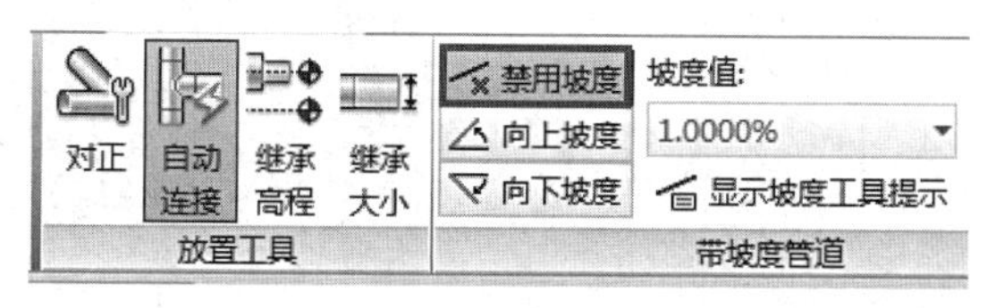

图4-33

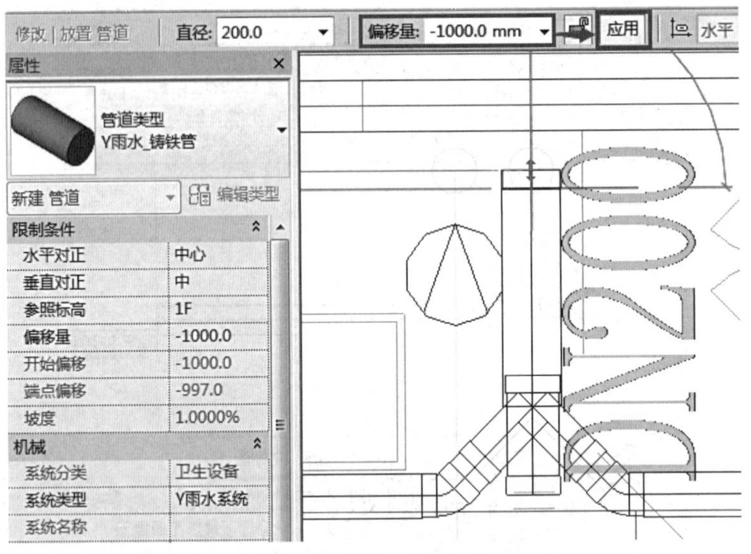

图4-33（续）

绘制完成的一半雨水管如图 4-34 所示。

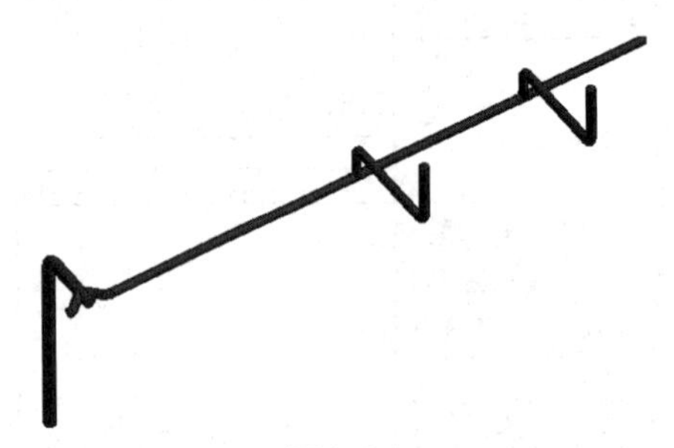

图4-34

接下来绘制集水坑中连接水泵的管道。如图 4-35 所示，从水泵端开始绘制。选择管道命令，管道“直径”设置为 100，“偏移量”设置为 -1000，开始绘制。拐弯处标高设置为 1000，接着绘制，如图 4-36 所示。

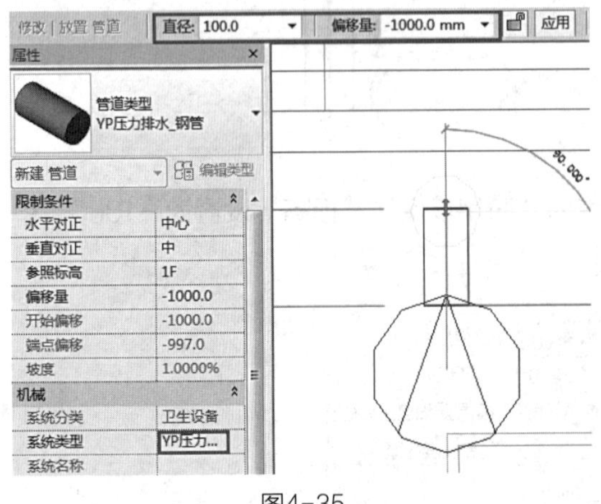

图4-35

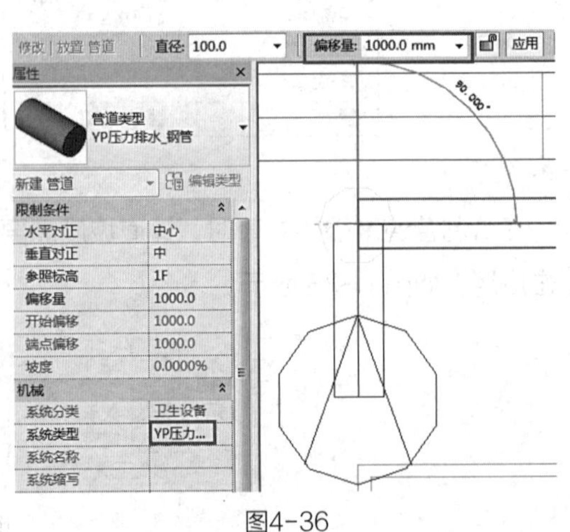

图4-36

在下一拐角处，将“标高”设置为3200，在管道末端，同样绘制一根顶部“标高”为4000的立管，如图4-37所示。

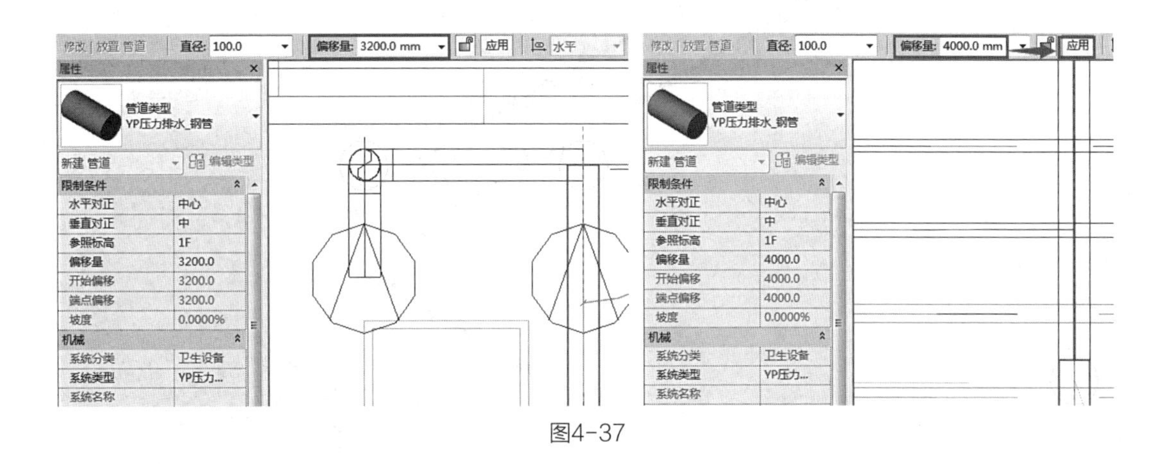

图4-37

刚刚绘制完成了连接水泵的其中一条管道，现在用复制命令复制另一条与水泵连接的管道。将视图调整到三维视图，选择如图4-38所示弯头，单击➕，将弯头变为三通。选择如图4-39所示部分管道和管件，将视图转换到后视图，单击“复制”，将选中构件复制到另一边，如图4-40所示。复制过去之后管道还没有与整个系统连接起来，需要手动连接，如图4-41所示，拖动管道拖拽点，连接管道。连接完成之后如图4-42所示。

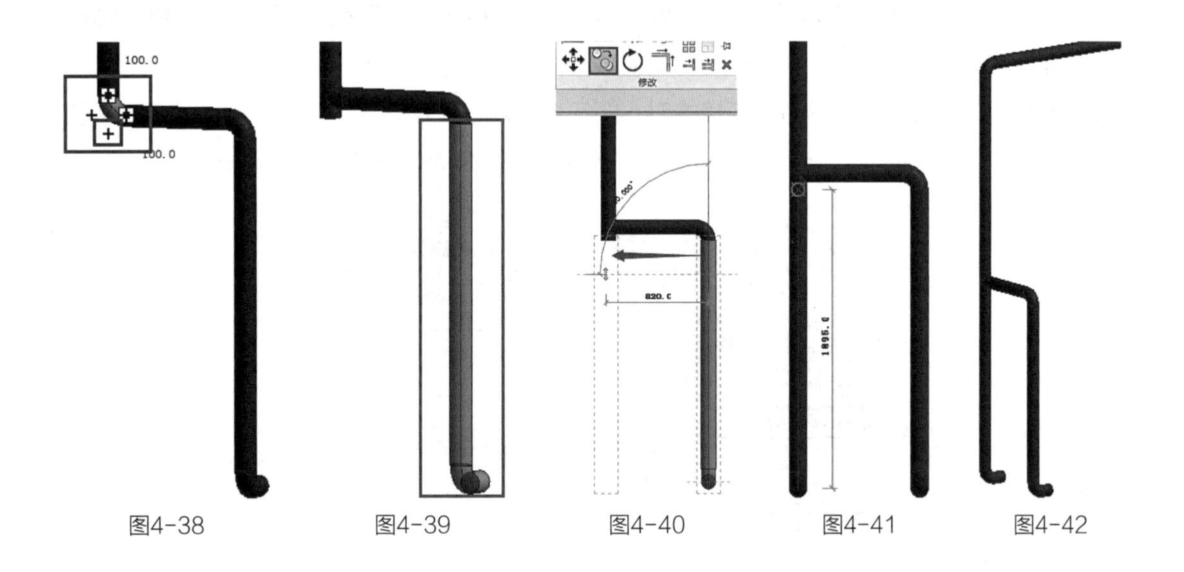

图4-38　图4-39　图4-40　图4-41　图4-42

至此，整个模型的管道部分绘制完成，结果如图4-43所示。

管道的颜色也是依系统而定，具体添加方法与风管相同，这里不再说明。

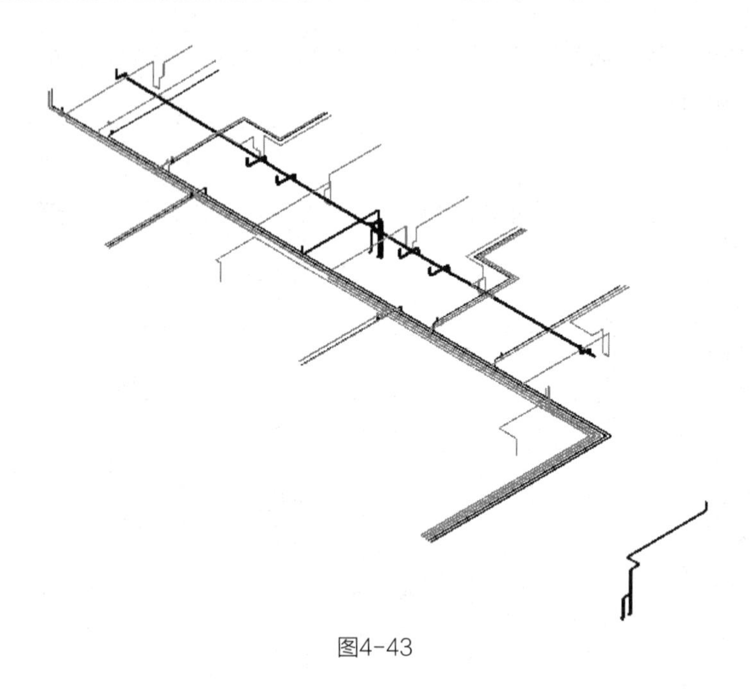

图4-43

4.1.3 添加管路附件

1. 添加管道上的阀门

在“系统”选项卡下，“卫浴和管道”面板中，单击“管路附件”工具，软件自动弹出“放置管路附件”上下文选项卡。单击“修改图元类型”的下拉按钮，选择“BM_ 截止阀 _J41 型 _ 法兰式”，类型选择“J41H_16_50mm”，如图 4-44 所示，把鼠标移动到管道中心线处，捕捉到中心线时（中心线高亮显示），单击完成阀门的添加。

将平面的视觉样式设置为中等模式时，阀门会显示其二维表达，如图 4-45 所示。添加完的阀门三维如图 4-46 所示。添加完一个之后将项目中所有的截止阀添加完毕。

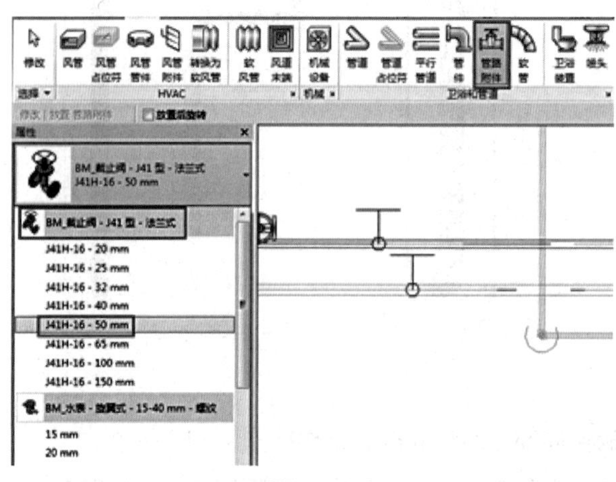

图4-44

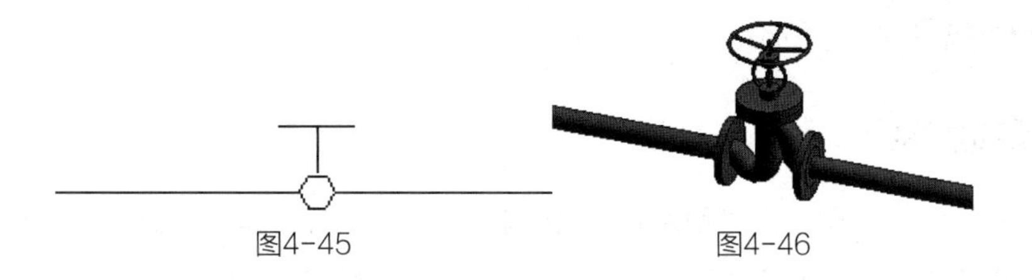

图4-45　　图4-46

截止阀添加完成之后添加蝶阀，添加方法同上，如图 4-47 所示。

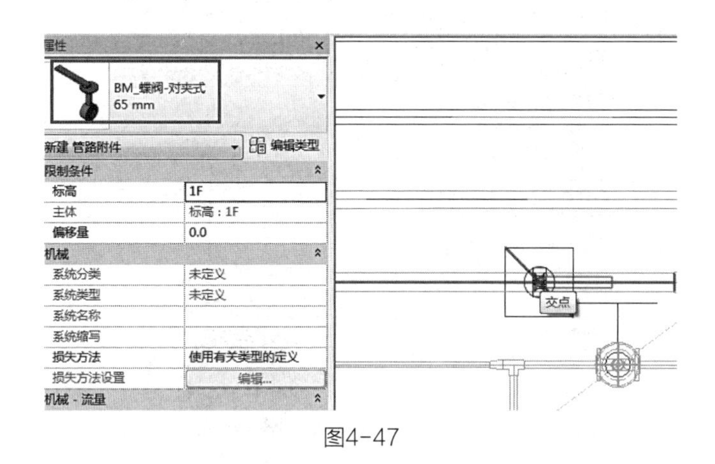

图4-47

2. 添加管道上的水表

在“系统”选项卡下，“卫浴和管道”面板中，单击“管路附件”工具，软件自动弹出“放置管路附件”上下文选项卡。单击“修改图元类型”的下拉按钮，选择“BM_ 水表 _ 旋翼式 _15-40 mm_ 螺纹”，类型选择“32mm”，如图 4-48 所示，把鼠标移动到管道中心线处，捕捉到中心线时（中心线高亮显示），单击完成水表的添加。

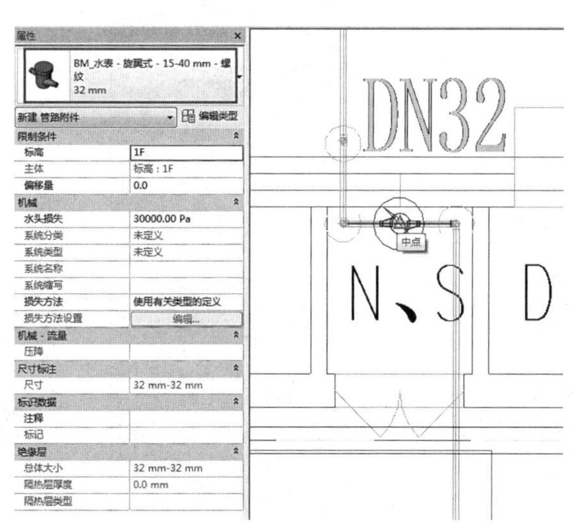

图4-48

将项目中所有的水表添加完毕。

4.1.4 添加水泵

在“系统”选项卡下，“卫浴和管道”面板中，单击“机械设备”工具，单击属性面板“类型选择器”的下拉按钮，选择“潜水泵”，单击项目中空白处放置水泵，如图 4-49 所示。

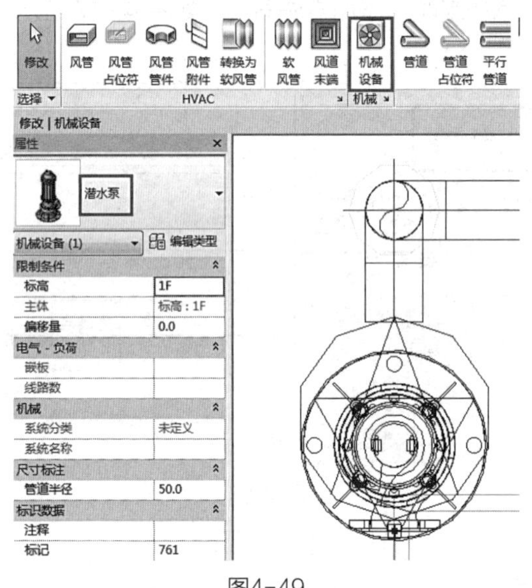

图4-49

单击选择潜水泵，通过空格键调整潜水泵的方向，使其管道连接口向上。右击潜水泵拖拽点，在弹出的菜单中选择绘制管道，如图 4-50 所示。沿着潜水泵绘制一段管道，并将该管道“标高”调整为 -1000，如图 4-51 所示。

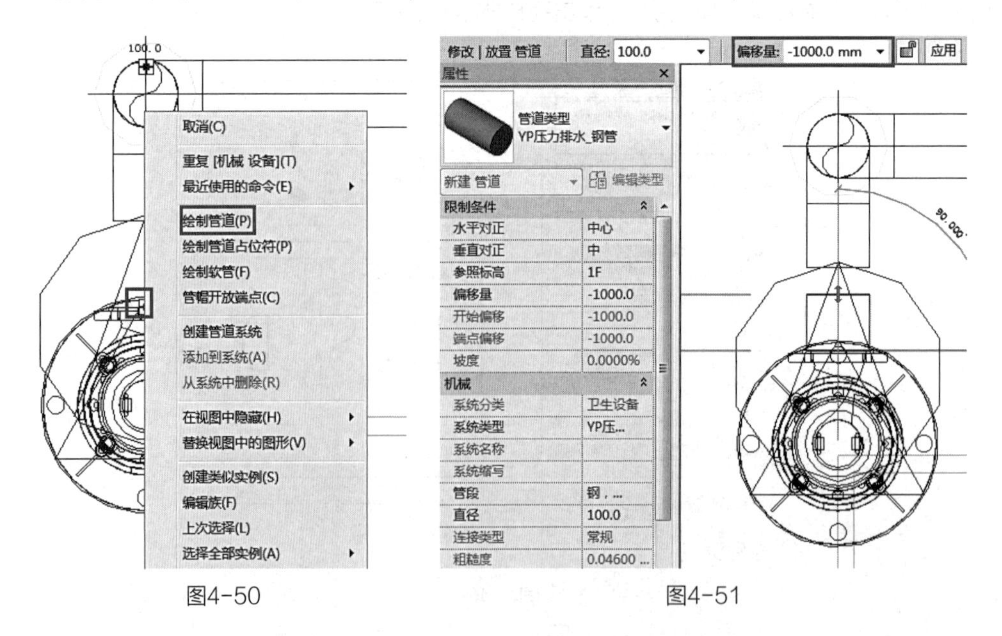

图4-50　　图4-51

将与潜水泵连接的管道与上方管道对齐，拖动其中一根管道的拖拽点，让两根管道连接。如图 4-52 所示。最后移动潜水泵的位置，与 CAD 中潜水泵的位置一致。

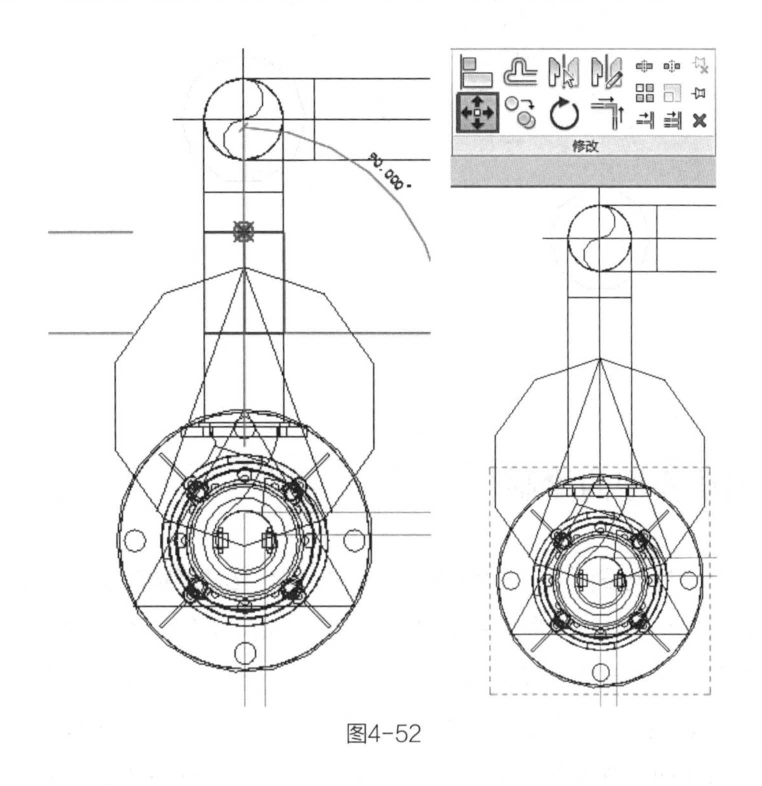

图4-52

将视图转到三维，连接好的一台潜水泵如图 4-53 所示。同样的方法添加另一台潜水泵，最后模型如图 4-54 所示。

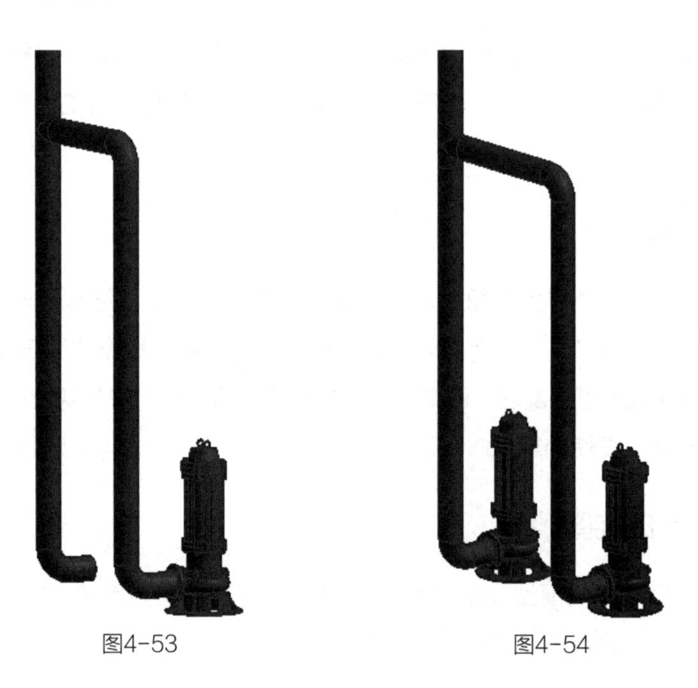

图4-53　　图4-54

整个给排水模型绘制完成之后如图 4-55 所示。

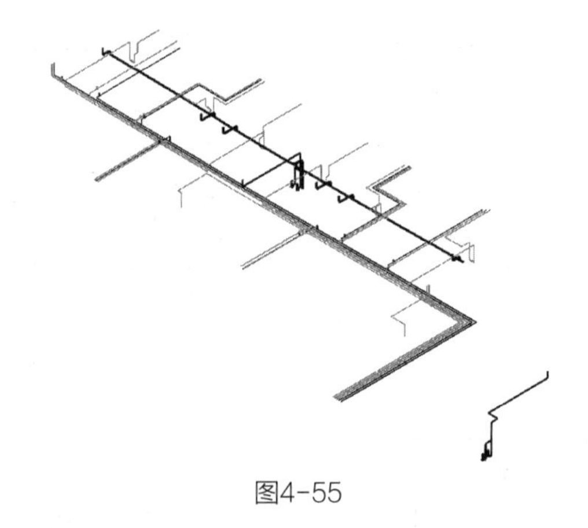

图4-55

4.2 消防模型的绘制

消防系统是现代建筑设计中必不可少的一部分。现代化建筑物的电气设备种类与用量大大增加，内部陈设与装修材料大多是易燃的，这无疑是火灾发生频率增加的一个因素。其次，现代化的高层建筑物一旦起火，建筑物内部的管道竖井、楼梯和电梯等如同一座座烟筒，拔火力很强，使火势迅速扩散，这样处于高处的人员及物资在火灾时疏散较为困难。除此之外，高层建筑物发生火灾时，其内部通道往往被人切断，从外部扑救不如低层建筑物外部扑火那么有效，扑救工作主要靠建筑物内部的消防设施。由此可见现代高层建筑的消防系统是何等重要。

本节将通过案例来介绍消防专业识图和在 Revit 中建模的方法，并讲解设置管道系统的各种属性的方法，使读者了解消防系统的概念和基础知识，掌握一定的消防专业知识，并学会在 Revit 中建模的方法。

4.2.1 案例介绍

本案例消防模型包含喷淋系统和消火栓系统。如图 4-56 所示，粉色管道部分为喷淋系统，红色管道部分为消火栓系统。图中标注了各管道的尺寸及标高，根据这些信息绘制消防模型。观察消防系统 CAD 图纸可以发现，喷淋管道的排布非常有规律，块与块之间相似度很大，因此绘制喷淋管道时要反复使用复制命令以减少工作量。

4.2.2 导入 CAD 底图

打开“地下车库 - 消防模型 .rvt”文件，导入“地下车库消防系统 .DWG”，并将其位置与轴网位置“对齐”、“锁定”，如图 4-57 所示。

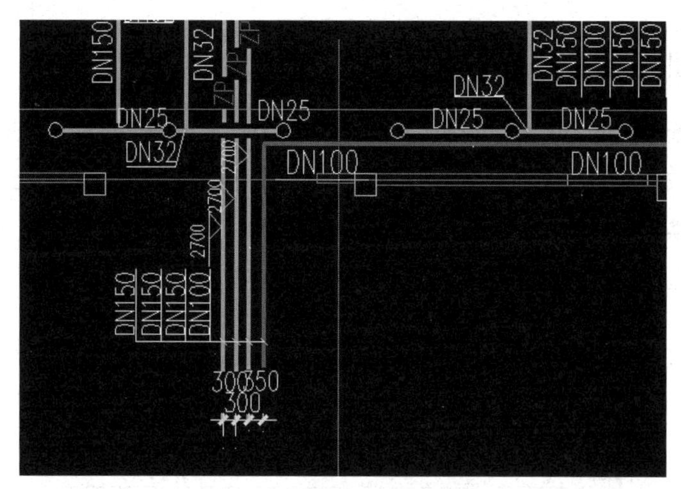

图4-56

图4-57

与之前相同，CAD 锁定之后，将项目本身的轴网“隐藏”，如图 4-58 所示。

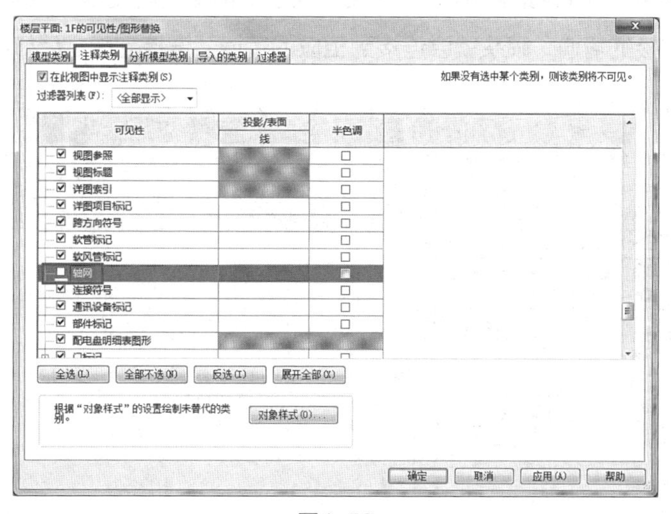

图4-58

4.2.3 绘制消防管道

在“系统”选项卡下，单击“卫浴和管道”面板中的“管道”工具，（或键入快捷键 PI），在自动弹出的“放置管道”上下文选项卡中的选项栏里选择需要“直径”25，修改“偏移量”为 2400，“管道类型”选择“标准”，“系统类型”选择“喷淋系统”，如图 4-59 所示，设置完成之后在绘图区域绘制水管。整体绘图方向为从左向右。

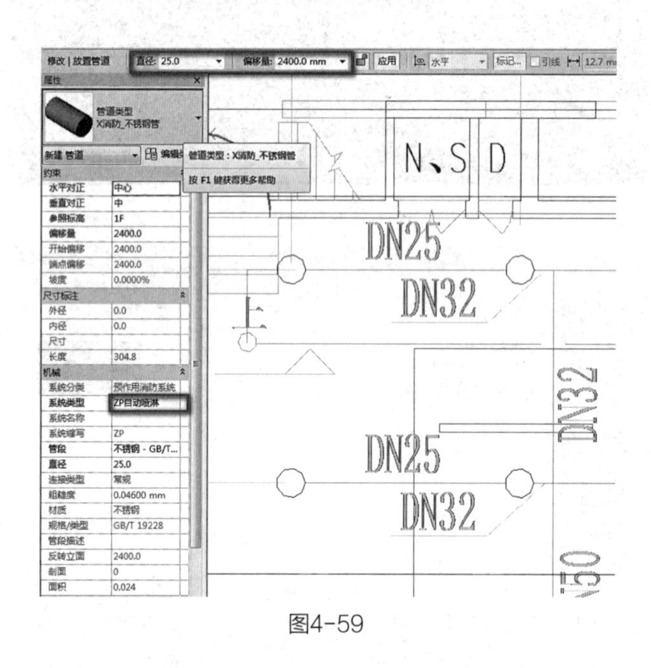

图4-59

单击“卫浴和管道”面板中的“喷头”工具，选择“BM_喷头 - ELO 型 - 闭式 - 直立型”，“偏移量”设置为 3600，如图 4-60 所示，将喷头放置在管道的中心线上。喷头需要手动与管道连接：单击选择喷头，在激活的“修改 | 喷头”面板下选择“连接到”，如图 4-61 所示，然后选择要与喷头连接的管道，喷头就会连接到相应的管道。连接完成之后如图 4-62 所示。

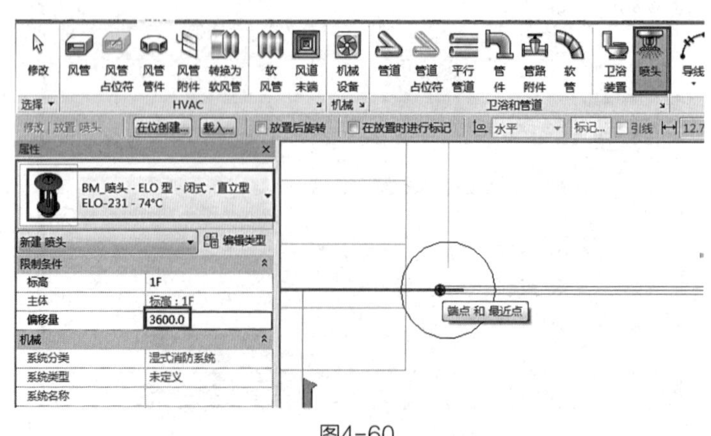

图4-60

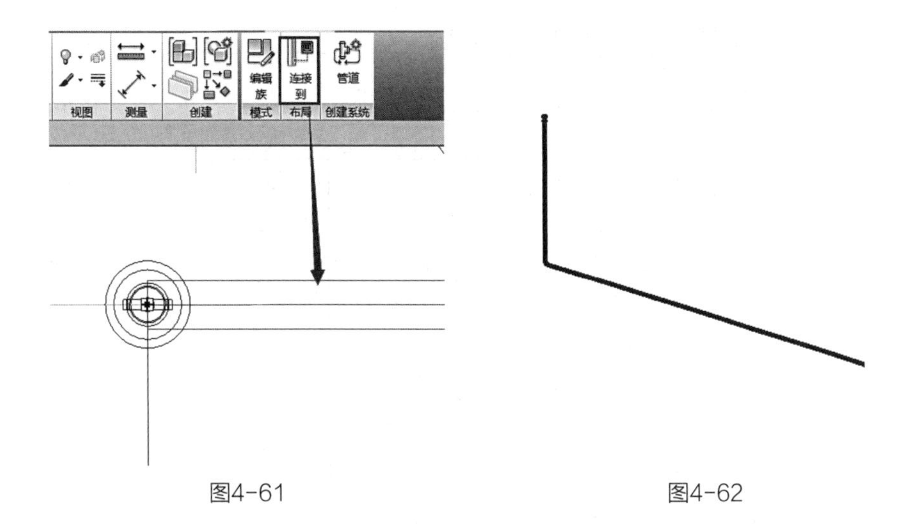

图4-61　　　　　　图4-62

同样的方法将这根横支管上的三个喷头全部连接到管道上。完成之后要将该支管连同相应的喷头整体往下复制。如图 4-63 所示，选中相应的构件，单击“复制”命令，勾选“约束”“多个”，将选中构件依次复制到下方相应位置。复制完成之后如图 4-64 所示。

横支管通过复制已经快速地绘制完成，现在绘制贯穿所有支管的主管，如图 4-65 所示，管径暂时统一设为 32，绘制完成之后再调整其他管径管道的尺寸。之所以最后绘制主管，是为了让主管自动生成四通，避免了手动连接的麻烦。

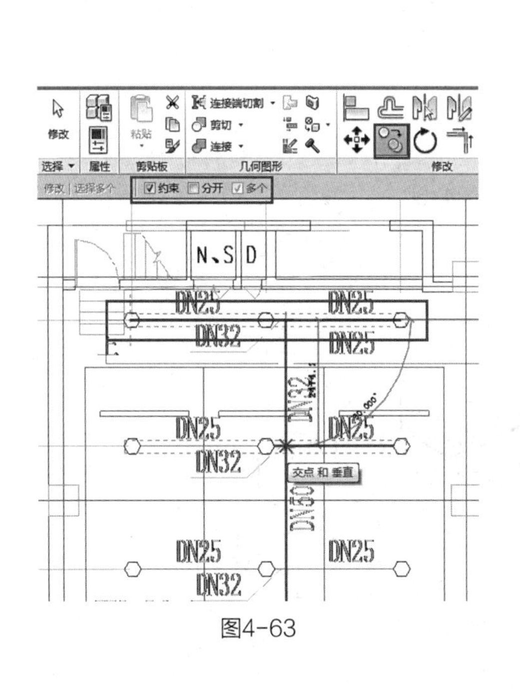

图4-63

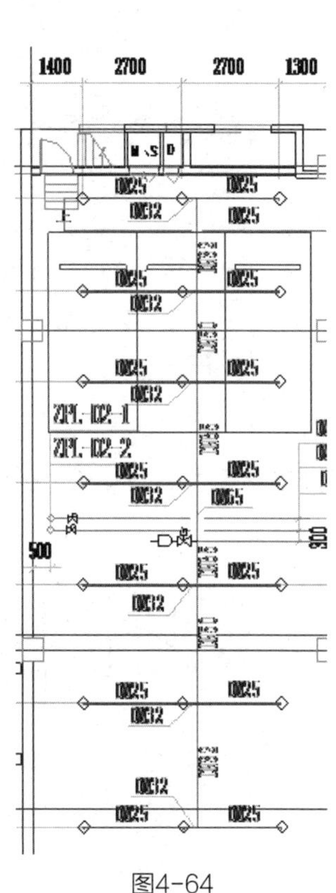

图4-64

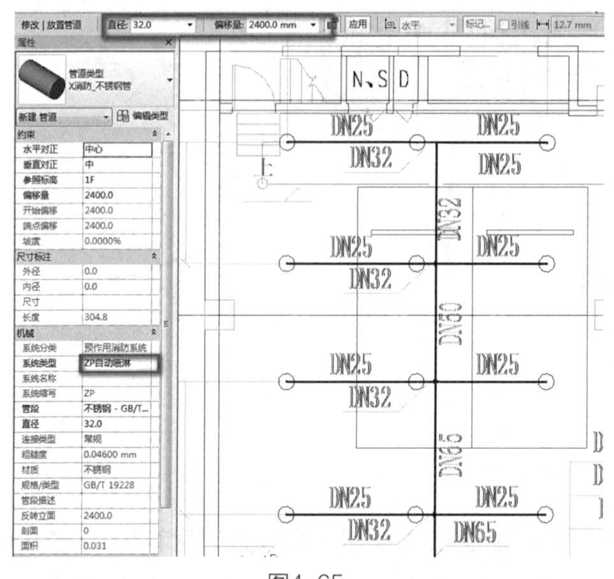

图4-65

选中需要更改尺寸的构件，如图 4-66 所示，直接将“直径”修改为 32 即可。

提示：管件也有自己的尺寸，与管道连接的管件的尺寸不会随着管道尺寸的改变而自动改变，因此已经生成的管件也需要手动更改尺寸。

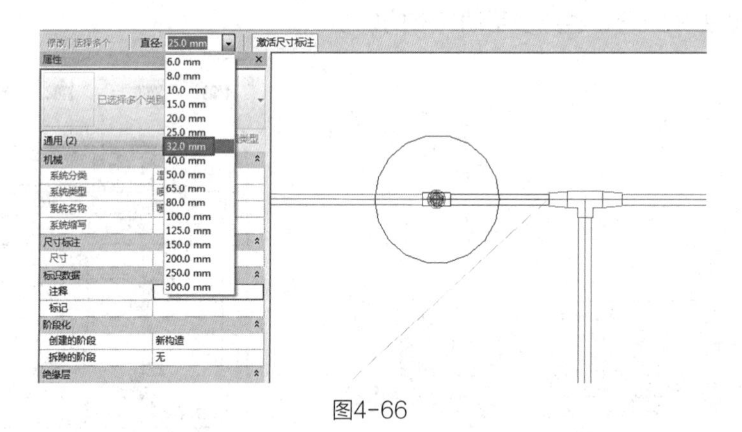

图4-66

修改完成之后模型如图 4-67 所示。

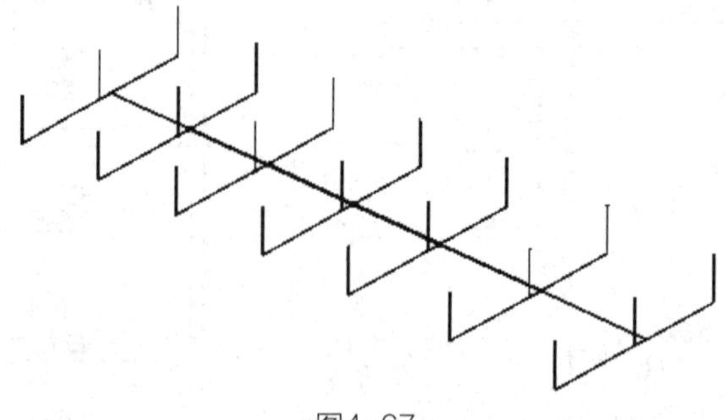

图4-67

将刚刚绘制的一整块模型作为一个整体，往右复制，如图 4-68 所示。复制过来之后只需要将不相同的部分进行修改即可，如图 4-69 所示。

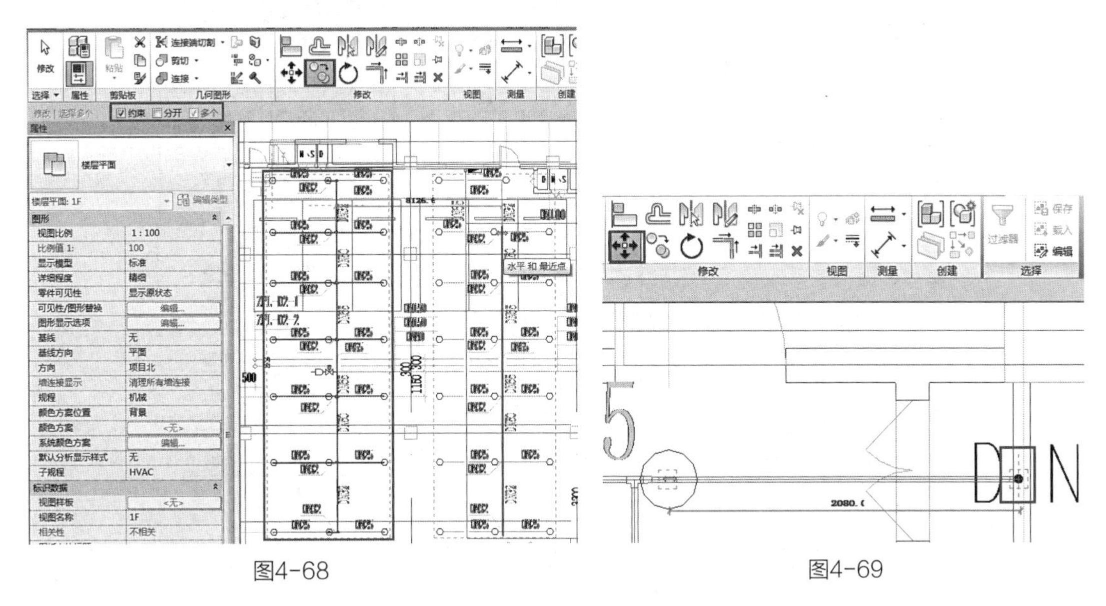

图4-68　　　　　　　　　　　　　　图4-69

再往后绘制模型时，可选择与其相邻的左侧两排管道，如图 4-70 所示，整体复制到右侧。

所有支管绘制完成之后最后绘制贯穿整个系统的主管道，如图 4-71 所示，“直径”暂定为 150，如之前所述，管道连接处会自动生成四通。当然，与之前绘制管道时相同，最后还要对个别管道进行尺寸的调整。

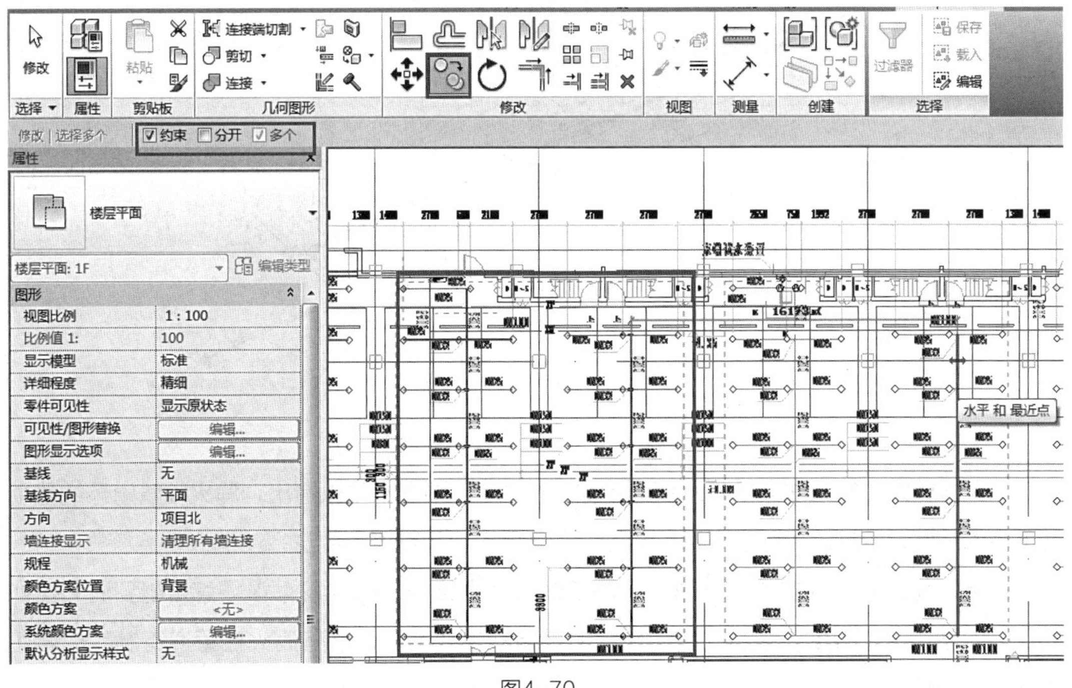

图4-70

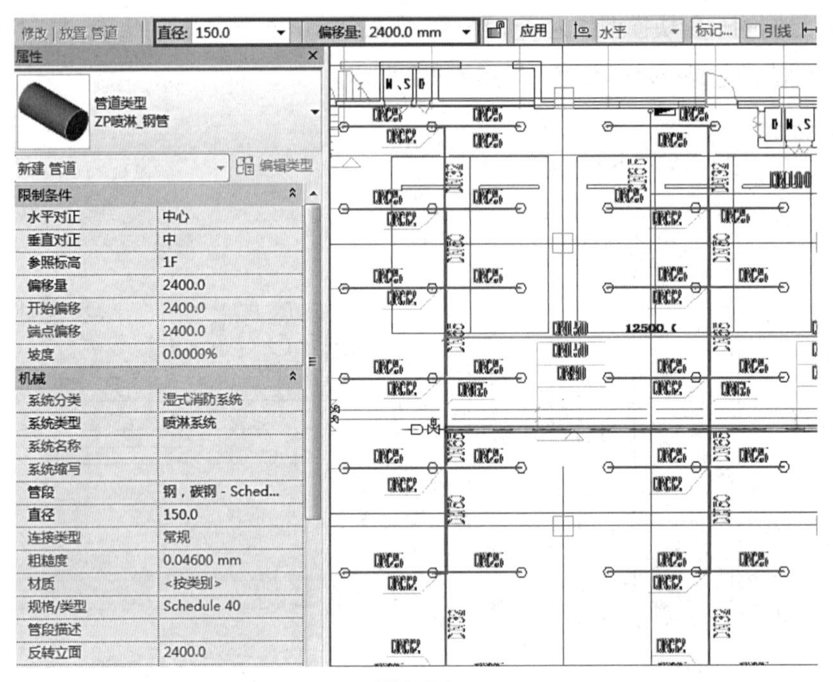

图4-71

将其余喷淋管道补充完毕，最后模型如图 4-72 所示。

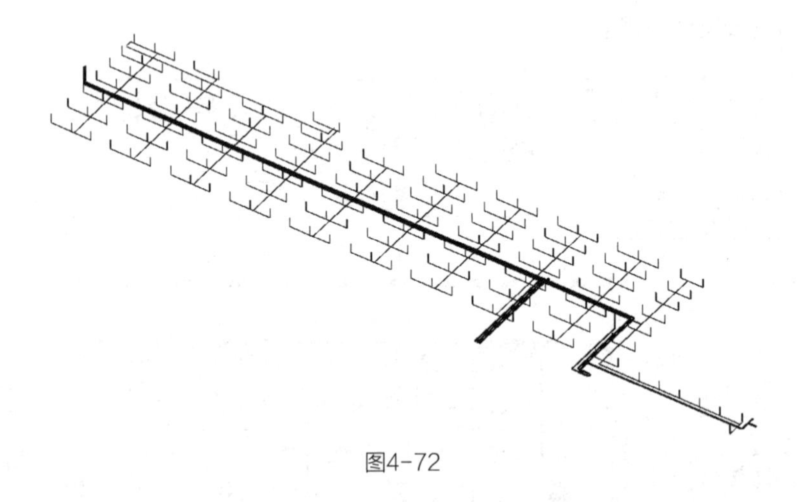

图4-72

消火栓管道绘制方法与给排水管道相似。从 CAD 图纸中可以看出，消火栓管道环绕整个地下车库一圈。绘制时先画主管道，如图 4-73 所示，系统类型要选择“消火栓系统”。

在绘制与消火栓连接的支管时，无需绘制与消火栓连接的立管，水平管绘制到消火栓处即可，如图 4-74 所示，稍后连接消火栓时会自动生成立管。所有消火栓管道绘制完成后如图 4-75 所示。

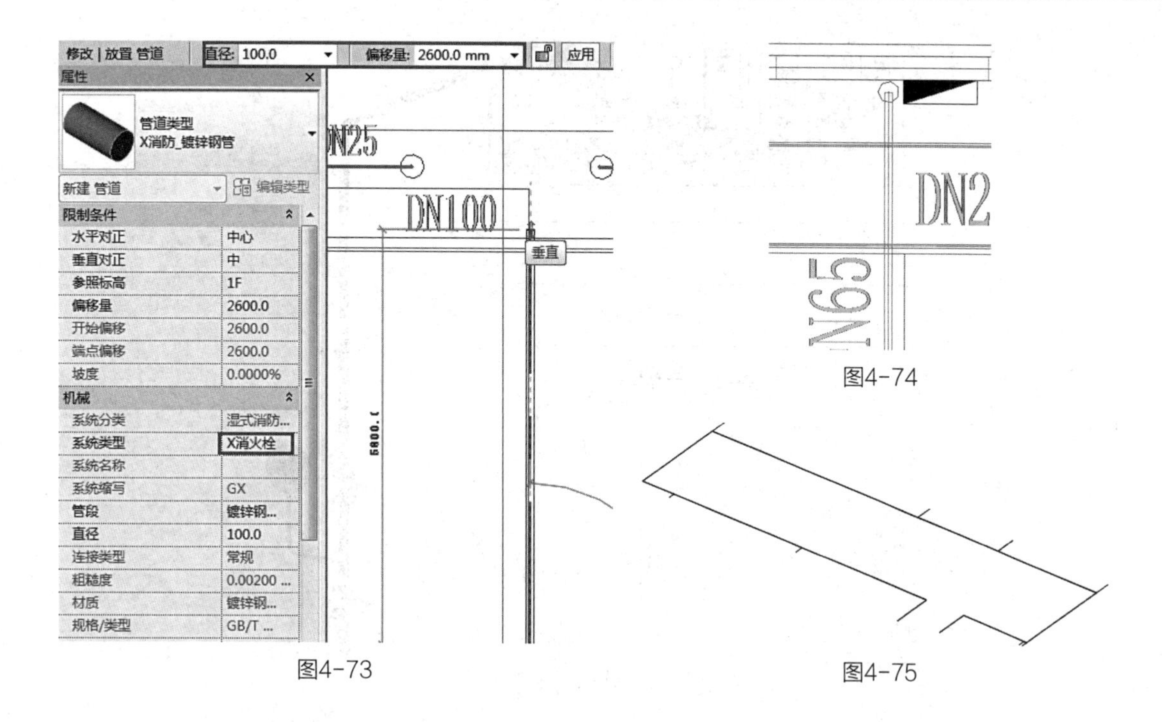

图4-73

图4-74

图4-75

4.2.4　绘制管路附件

在“系统”选项卡下,“卫浴和管道”面板中,单击“管路附件”工具,软件自动弹出“放置管路附件”上下文选项卡。选择“BM_末端试水装置”,“偏移量”设置为1000,如图4-76所示,在绘图区域单击放置。单击选择此末端试水装置,在“修改 | 管路附件”面板下选择“连接到”命令,然后单击选择要与此末端试水装置连接的管道,完成连接,如图4-77所示。

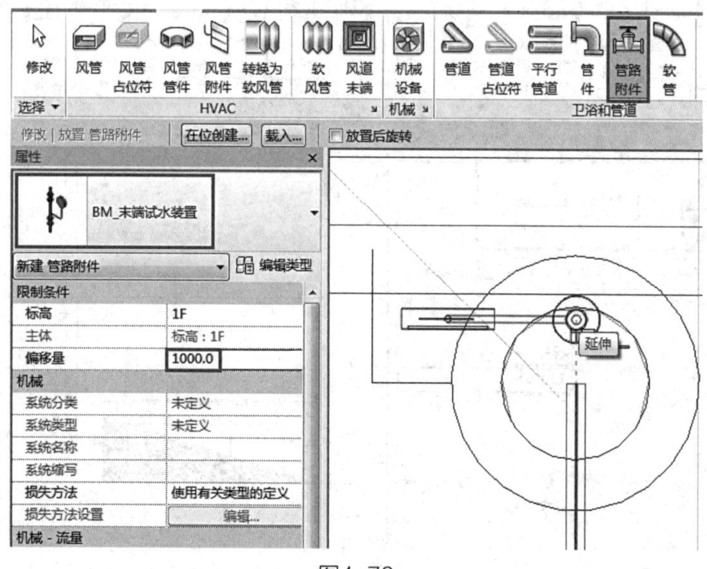

图4-76

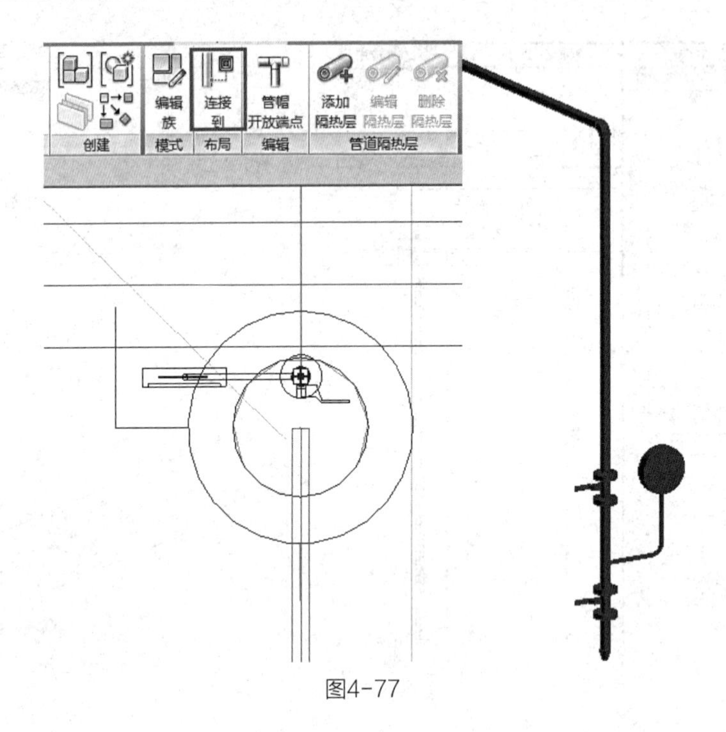

图4-77

4.2.5 绘制消火栓

在“系统”选项卡下，“卫浴和管道”面板中，单击“机械设备”工具，软件自动弹出“放置机械设备”上下文选项卡。选择“BM_单栓消火栓_左接”，“偏移量”设置为1100，如图4-78所示，在绘图区域单击放置。方向不对时可通过空格键切换构件方向。

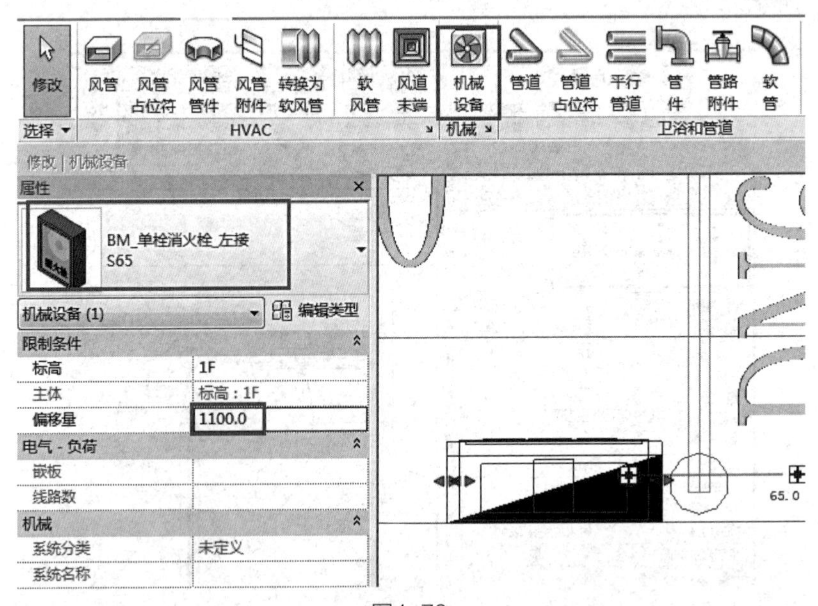

图4-78

将消火栓连接到相应的管道上。连接消火栓的方法与连接末端试水装置相同，即单击消火栓，选择“连接到”命令将消火栓与管道连接。连接完之后如图 4-79 所示。

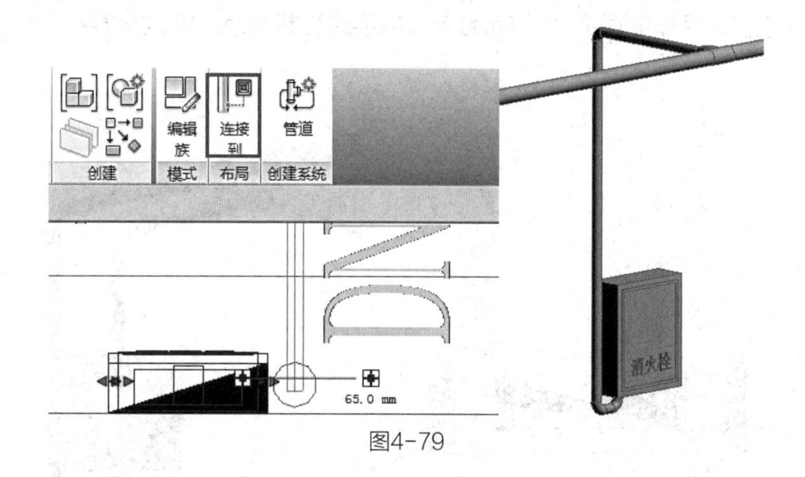

图4-79

使用“连接到”命令连接消火栓时，系统会默认最短路径连接。对于需要沿其他路径连接的消火栓，如图 4-80 所示，需要手动连接。

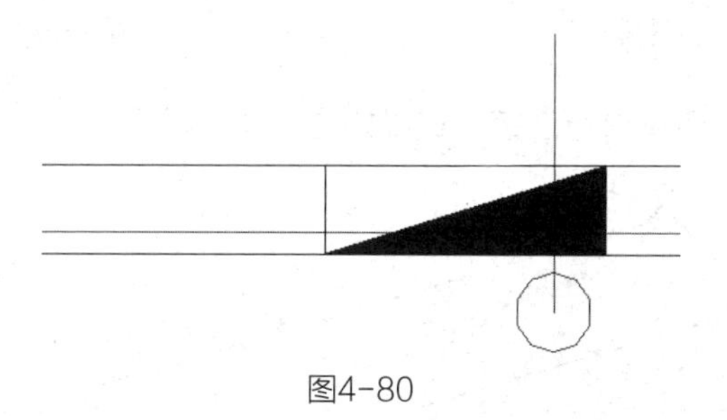

图4-80

单击选择消火栓，右击管道连接点，选择绘制管道。将管道“偏移量”设置为 1000，如图 4-81 所示。绘制完成之后将上下两根管道连接，最后效果如图 4-82 所示。

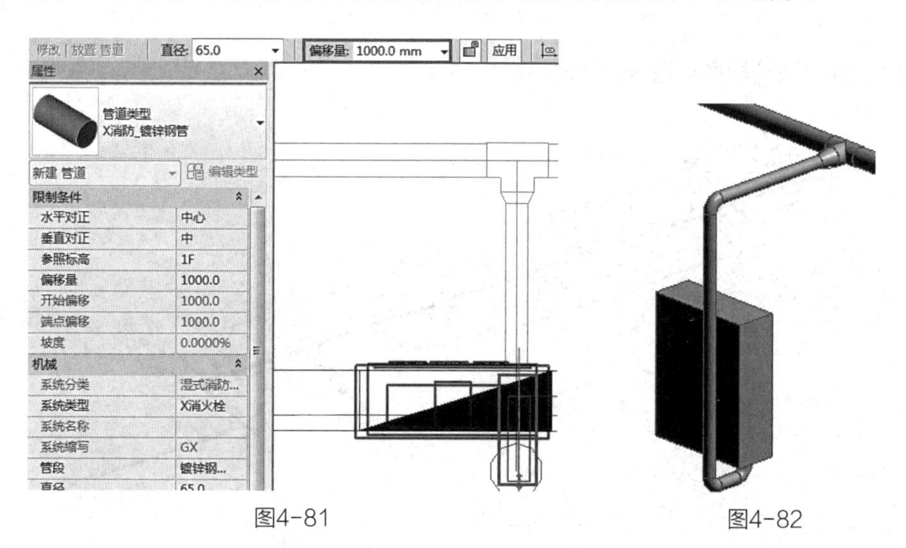

图4-81　　　　图4-82

在此项目中有三种消火栓：单栓消火栓（左接）、单栓消火栓（右接）和双栓消火栓。两种单栓绘制方法相同，双栓区别于单栓的是有两根管道与消火栓连接，如图 4-83 所示。项目中此消火栓连接路径非最短路径，因此绘制时需手动绘制管道连接。连接完成之后如图 4-84 所示。

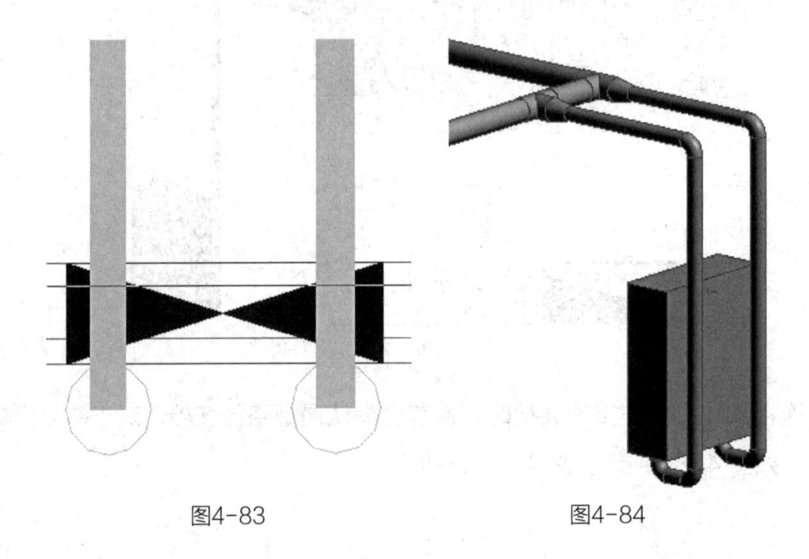

图4-83　　图4-84

将其余消火栓统一与管道进行连接，结果如图 4-85 所示。

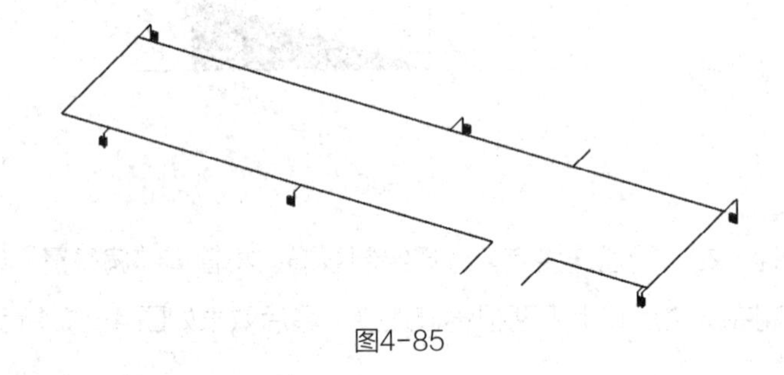

图4-85

最后，整个消防模型如图 4-86 所示。

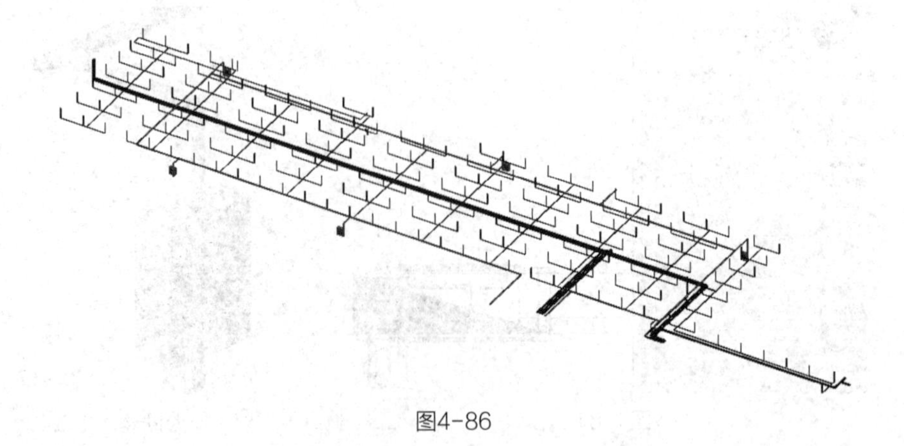

图4-86

第 5 章　电气专业 BIM 应用案例

电气系统是现代建筑设计很重要的一部分。电气系统是以电能、电气设备和电气技术为手段来创造、维持与改善限定空间和环境的一门科学，它是介于土建和电气两大类学科之间的一门综合学科。经过多年的发展，它已经建立了自己完整的理论和技术体系，发展成为一门独立的学科。主要包括：建筑供配电技术，建筑设备电气控制技术，电气照明技术，防雷、接地与电气安全技术，现代建筑电气自动化技术，现代建筑信息及传输技术等。 本章将通过案例介绍电气专业识图和在 Revit 中建模的方法，使读者了解电气系统的概念和基础知识，并掌握一定的电气专业知识。

本章选用电气系统中部分图纸，包括“地下车库强电干线平面图”、“地下车库弱电干线平面图”和“地下车库照明平面图”三张 CAD 图纸，涵盖了电气系统中的强电系统、弱电系统和照明系统三大部分，如图 5-1 所示。

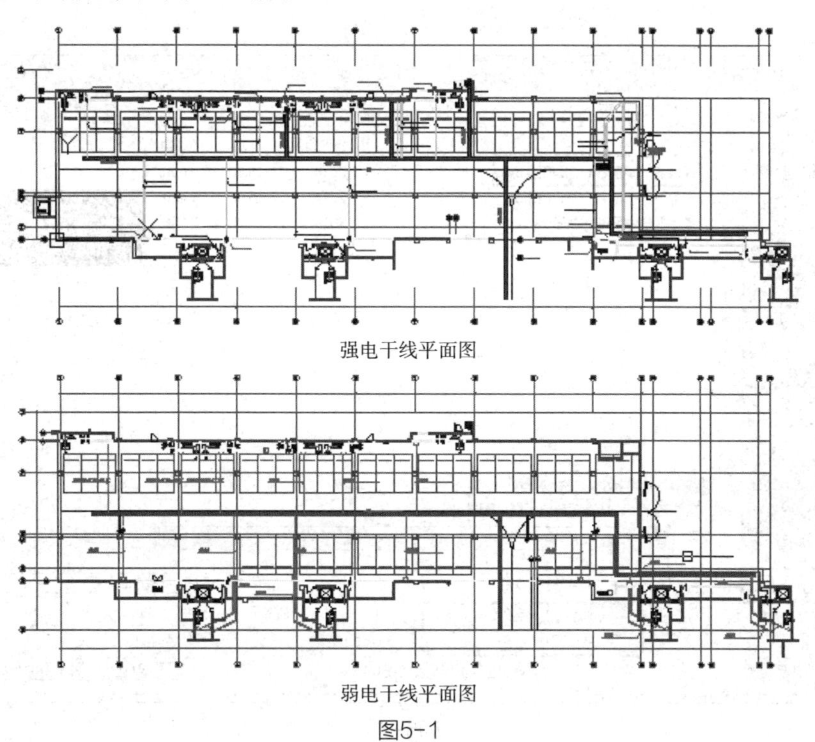

强电干线平面图

弱电干线平面图

图5-1

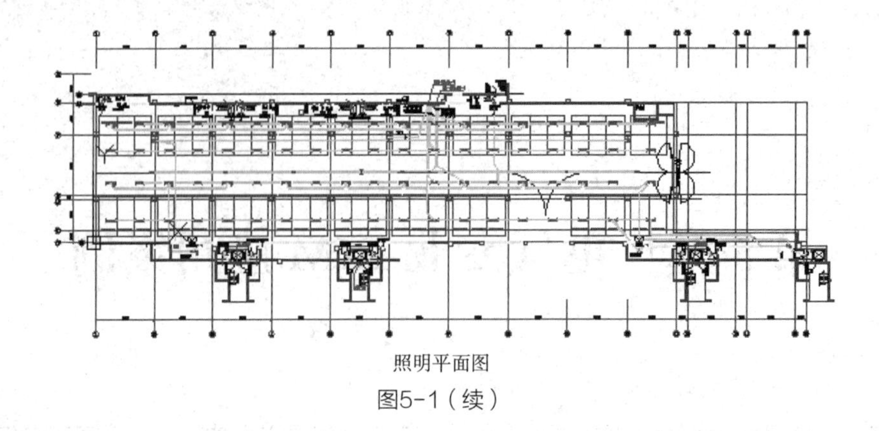

照明平面图

图5-1（续）

5.1 强电系统的绘制

5.1.1 导入 CAD 底图

打开之前保存的“地下车库 - 电气模型”文件，在项目浏览器中双击进入“楼层平面 1F”平面视图，单击“插入”选项卡下“导入”面板中的“导入 CAD”，单击打开“导入 CAD 格式”对话框，从“地下车库 CAD”中选择“地下车库强电干线平面图”DWG 文件，具体设置如图 5-2 所示。

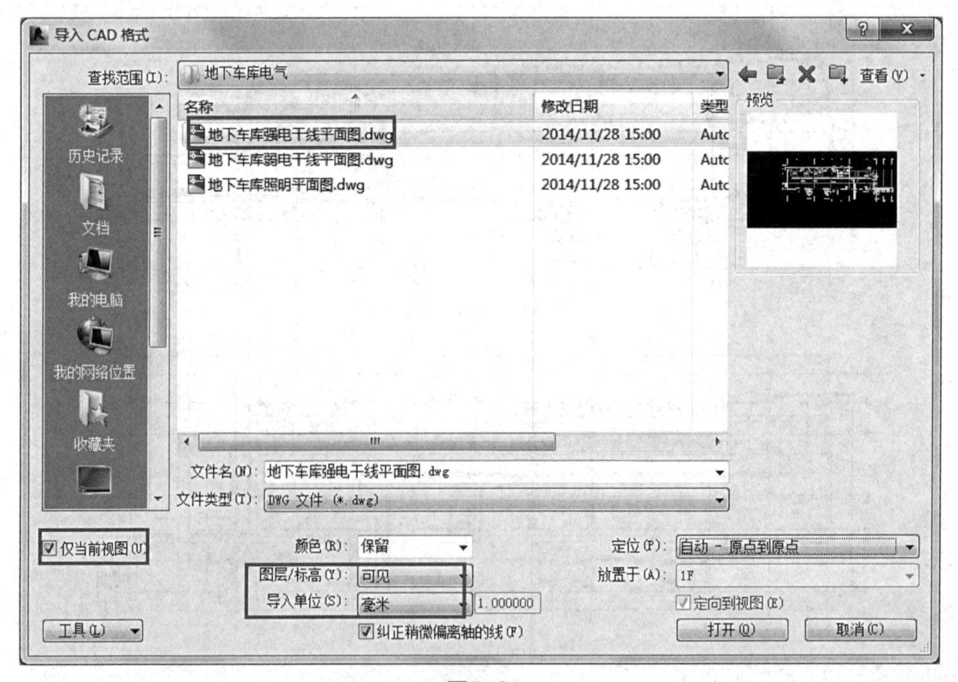

图5-2

导入之后将 CAD 解锁，然后与项目轴网对齐锁定。与绘制给排水模型相同，在属性面板选择“可见性 / 图形替换”，在“可见性 / 图形替换”对话框中“注释类别”选项卡下，取消勾选“轴网”，然后单击两次“确定”。隐藏轴网的目的在于使绘图区域更加清晰，便于绘图，如图 5-3 所示。

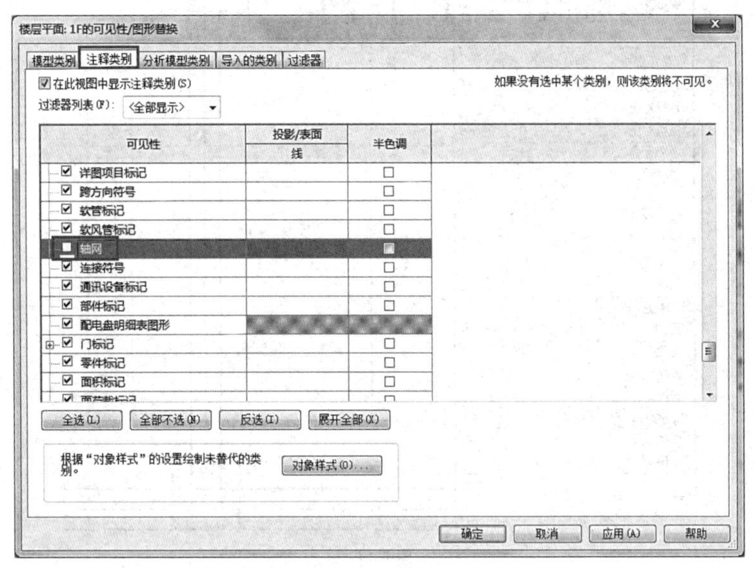

图5-3

5.1.2　绘制强电桥架

单击“系统”选项卡下“电气”面板上的“强电桥架”命令，从“带配件的电缆桥架”中选择类型“强电桥架”，在选项栏中设置桥架的尺寸和高度，“宽度”设为 500，“高度”设为 200，“偏移量”设为 2700。其中偏移量表示桥架底部距离相对标高的高度偏移量。桥架的绘制与风管的绘制相同，需要两次单击，第一次单击确认桥架的起点，第二次单击确认桥架的终点。绘制完毕后选择“修改”选项卡下“编辑”面板上的“对齐”命令，将绘制的桥架与底图中心位置对齐并锁定，如图 5-4 所示。

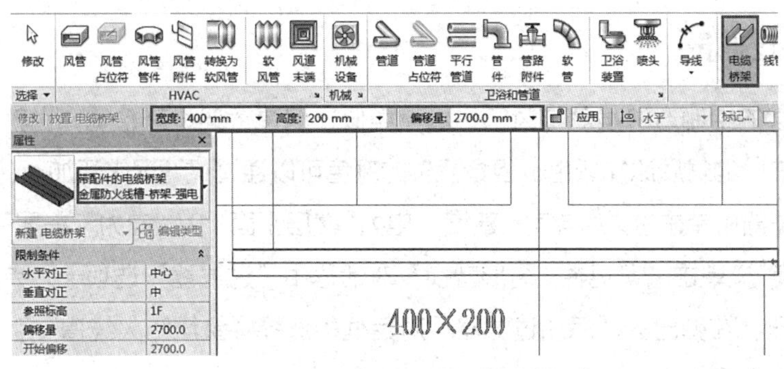

图5-4

绘制桥架支管时，方法与风管相同，设置好桥架支管尺寸后直接绘制即可，系统会自动生成相应的配件，如图 5-5 所示。

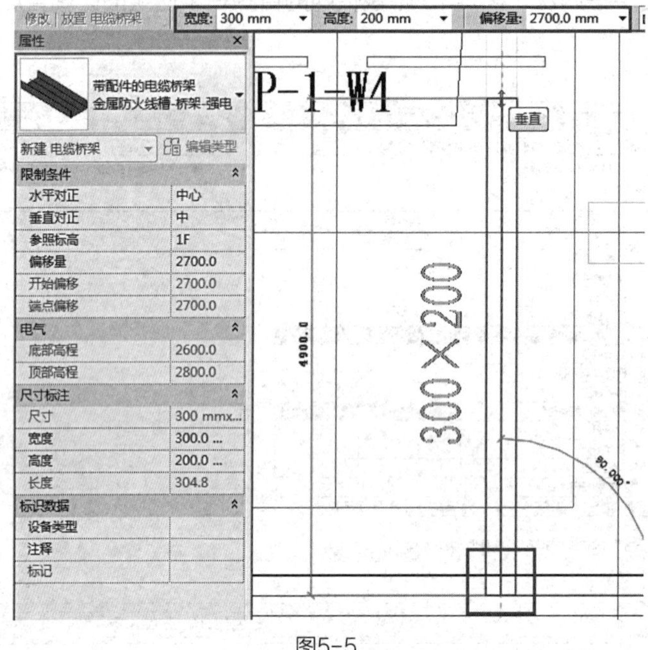

图5-5

强电桥架绘制完成之后如图 5-6 所示。

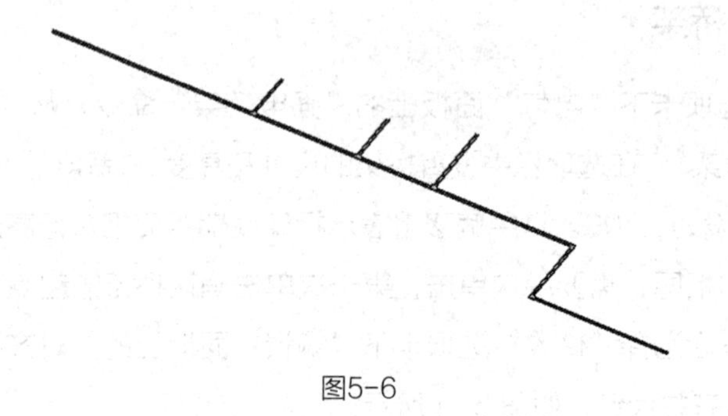

图5-6

5.1.3 添加过滤器

电气中桥架的绘制方法虽然与风管、水管类似，但是桥架没有系统，也就是说不能像风管一样通过系统中的材质添加颜色。但是桥架的颜色可以通过过滤器来添加。

在项目浏览器中单击进入“电气 - 建模 - 电力”楼层平面“1F_ 电力”，在属性面板选择“可见性 / 图形替换”，单击“可见性 / 图形替换”对话框中“过滤器”选项卡，单击“添加”为视图添加过滤器。在弹出的“添加过滤器”对话框中选择“金属防火线槽 - 强电”和“金属防火线槽 - 弱电”命令，如图 5-7 所示。

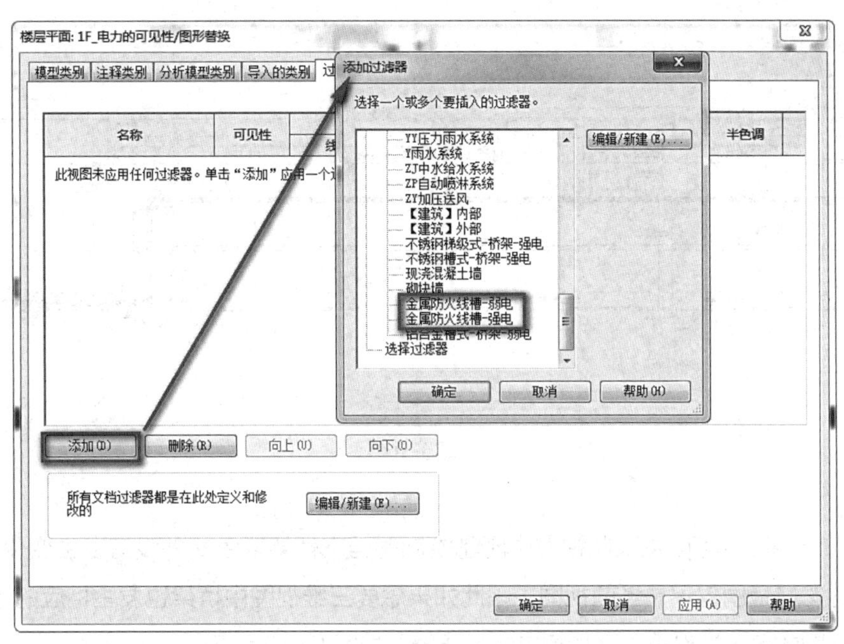

图5-7

页面跳转到可见性设置对话框。选择刚刚添加的强电桥架，单击“投影/表面”中“填充图案”下的“替换”，在弹出的“填充样式图形”对话框中将颜色设置为红色，填充图案设置为实体填充，如图 5-8 所示。

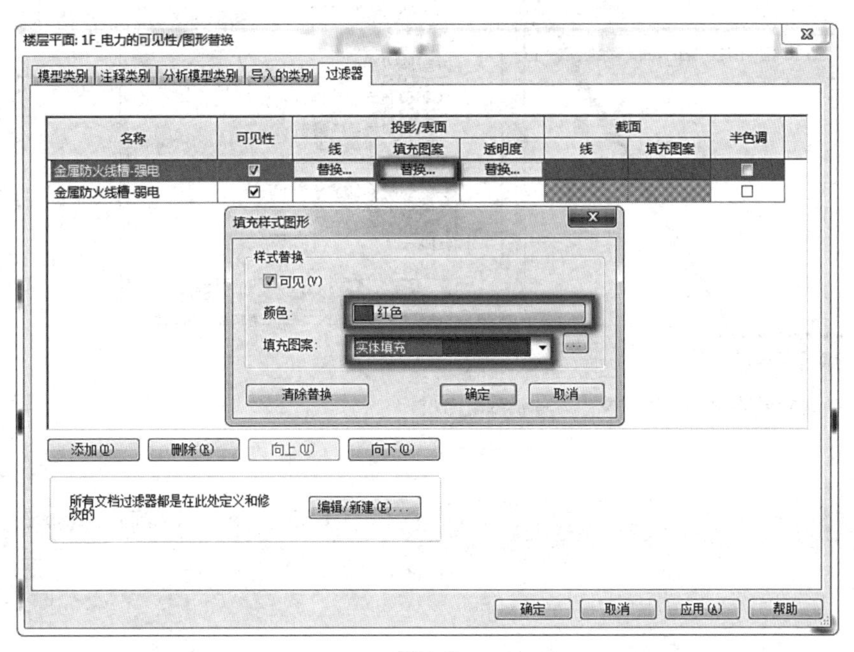

图5-8

单击“确定”，完成过滤器的添加及设置，可以发现，刚刚绘制的强电桥架已经变成了刚刚设置的红色，如图 5-9 所示。

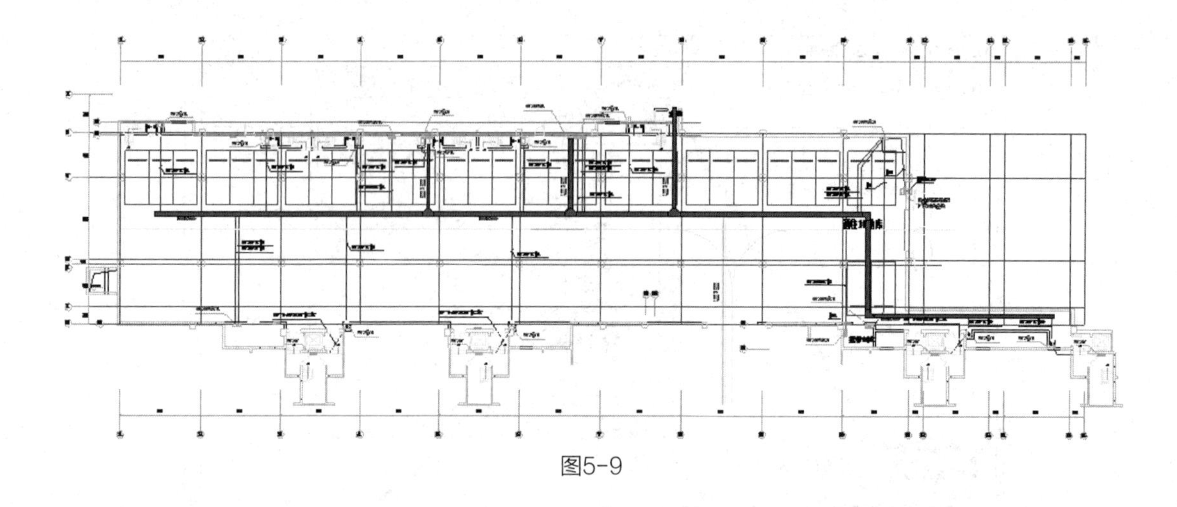

图5-9

打开三维视图，可以发现此视图中刚刚绘制的强电桥架颜色却并没有发生变化，这是因为过滤器的影响范围仅仅是当前视图。因此如果想要三维视图中桥架也发生相应的颜色变化，需要在此视图的可见性设置中添加相应的过滤器，如图 5-10 所示。

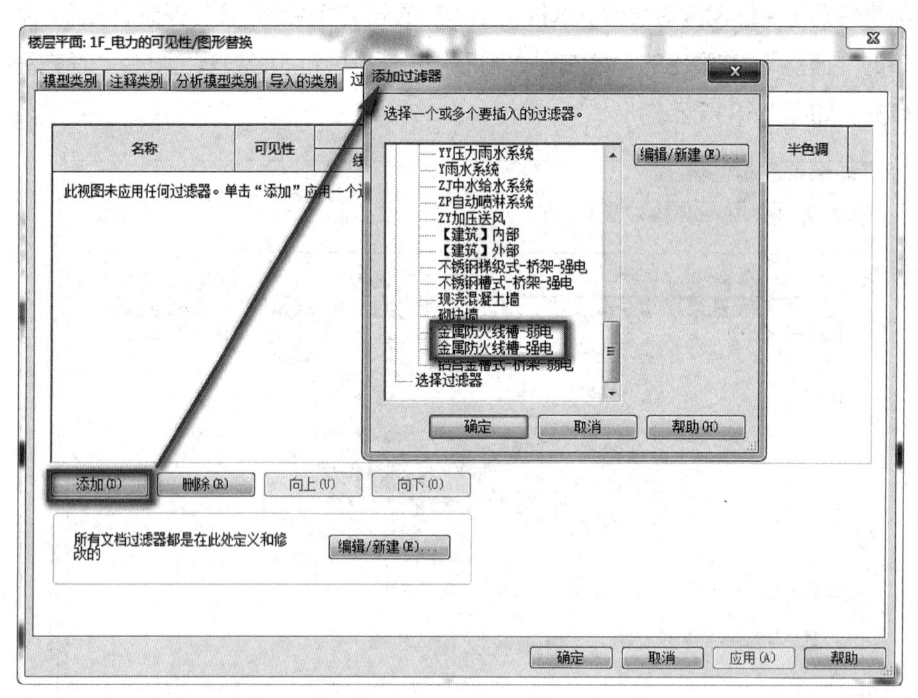

图5-10

一个项目中的过滤器是通用的，前面设置的过滤器在另一个视图中也是可以使用的，使用时直接选择即可。但是具体的颜色及填充图案需要重新设置，如图 5-11 所示。完成后单击“确定”可以看到三维视图中桥架颜色也变成了红色，如图 5-12 所示。

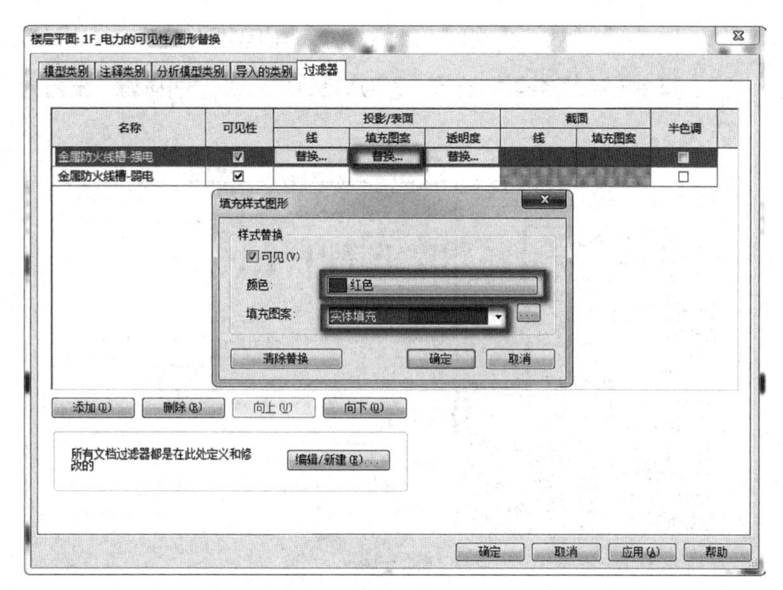

图5-11

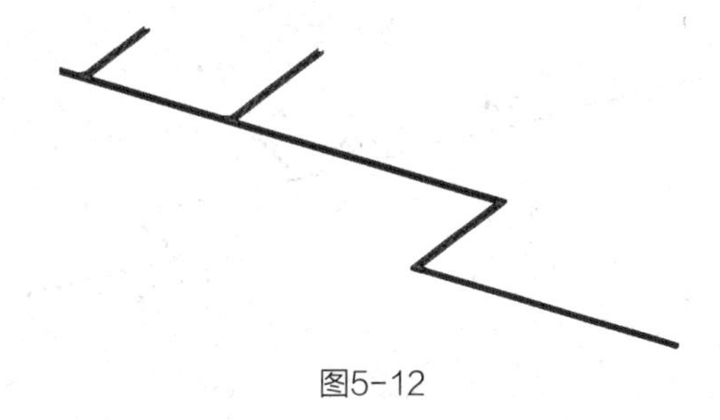

图5-12

5.1.4　添加配电箱

配电箱的添加比较简单，载入设备族“BM_照明配电箱”，单击“系统”选项卡下“电气”面板上的“电气设备”命令，选择“BM_照明配电箱”，选择相应的类型，设置相应的标高后单击放置即可，如图5-13所示。

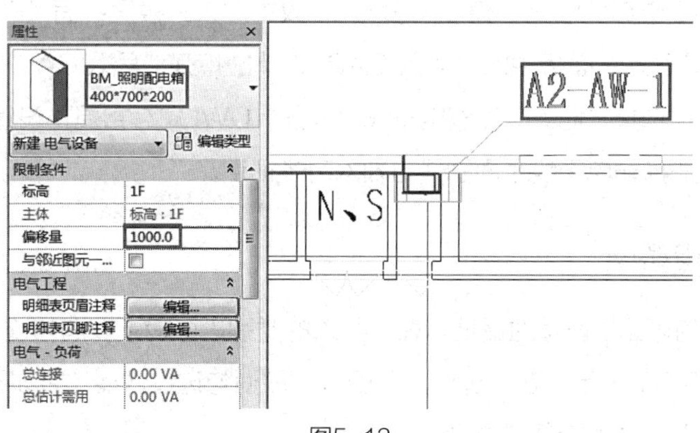

图5-13

图中,“A2-AW-1”、“A2-AW-2”和“A2-AW-3”配电箱类型选择“400*700*200”,“偏移量”设置为1000。其余配电箱类型均选择“700*1500*300”,“偏移量”设置为0,如图5-14所示。

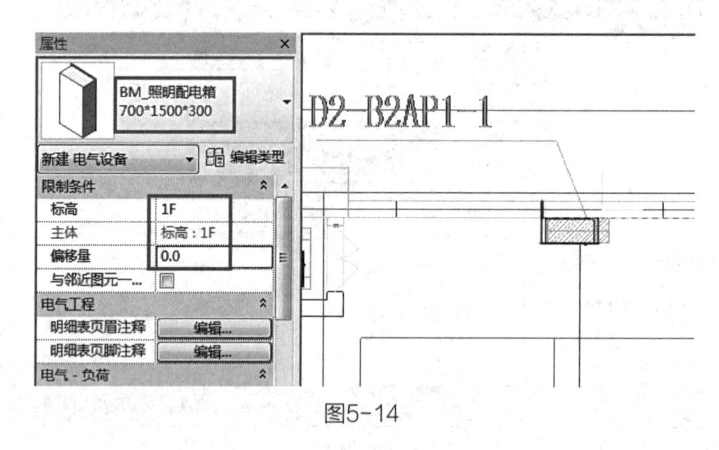

图5-14

配电箱全部放置完成之后如图5-15所示。

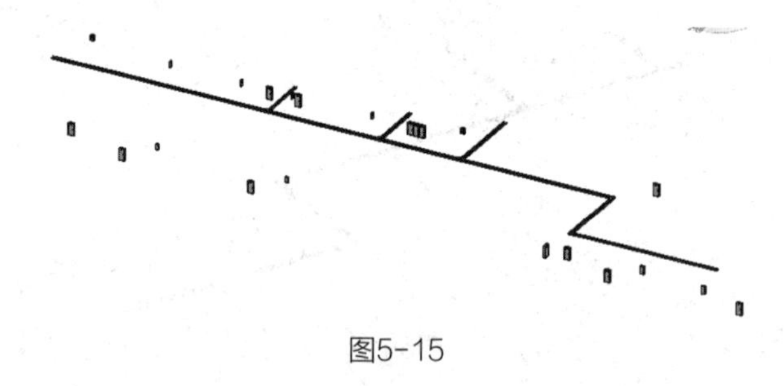

图5-15

5.2 弱电系统的绘制

5.2.1 导入CAD底图

在项目浏览器中选择“电气 - 建模 - 弱电”，双击进入“楼层平面 1F”平面视图，单击“插入”选项卡下“导入”面板中的“导入CAD”，单击打开“导入CAD格式”对话框，从“地下车库CAD”中选择“地下车库弱电干线平面图”DWG文件,具体设置如图5-16所示。导入之后将“地下车库弱电干线平面图”与轴网对齐锁定。

5.2.2 绘制弱电桥架

打开视图1F的可见性设置对话框，在“导入的类别”面板下取消勾选“地下车库强电干线平面图”，如图5-17所示。在“过滤器”面板下取消勾选过滤器“金属防火线槽 - 强电”，如图5-18所示。单击“确定”完成设置。

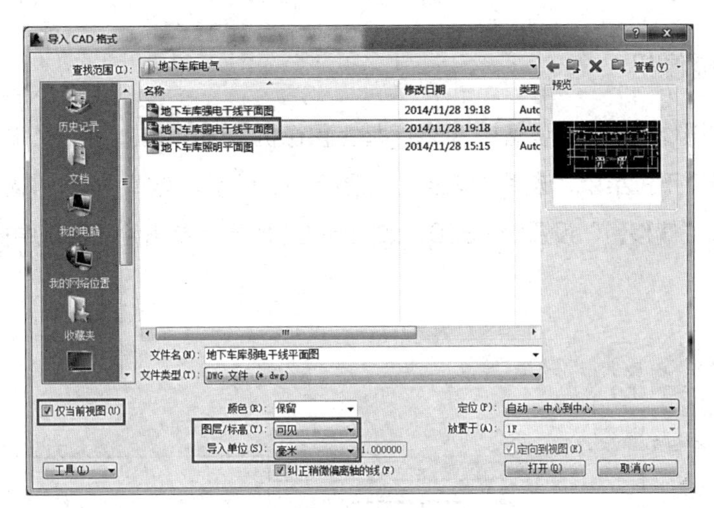

图5-16

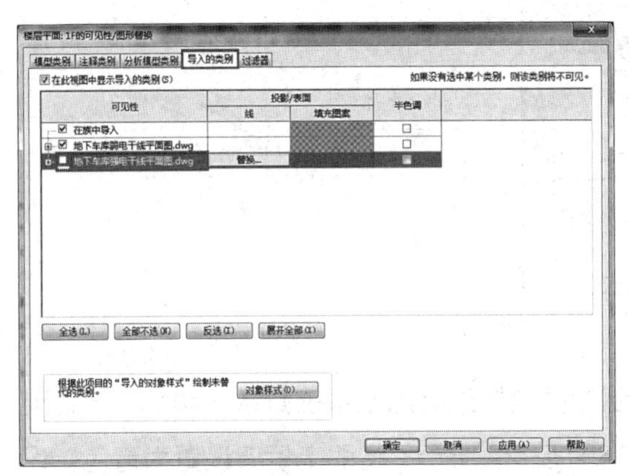

图5-17

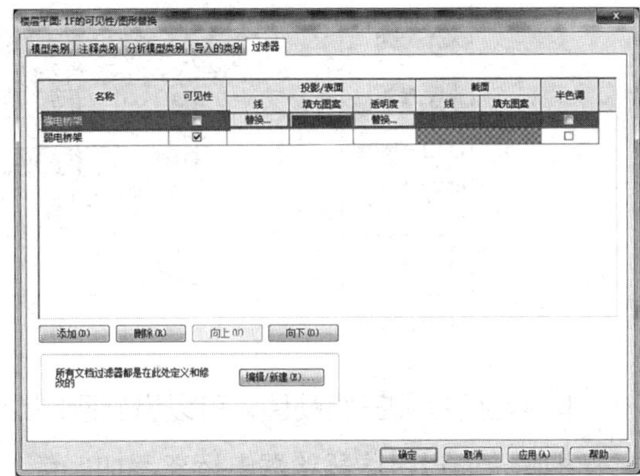

图5-18

此地下车库弱电系统中，主要有两部分内容：弱电桥架和摄像机。首先绘制弱电桥架。弱电桥架的绘制方法与强电桥架相同，按如图 5-19 所示进行设置，然后在绘图区域按照 CAD 图纸要求完成弱电桥架的绘制。

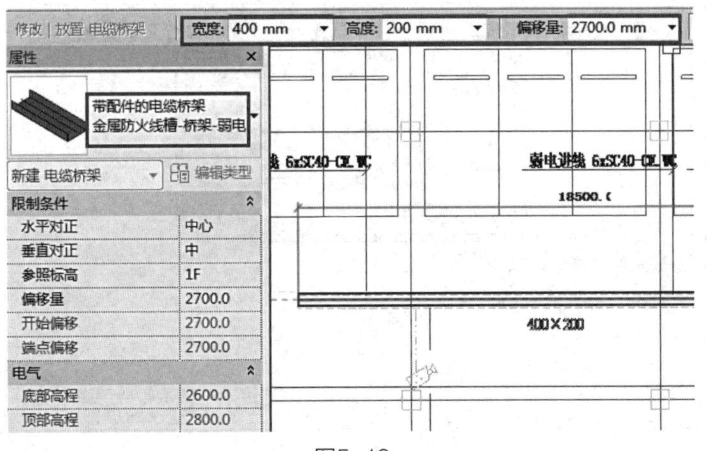

图5-19

5.2.3 添加摄像机

接下来添加摄像机。载入设备族“BM_ 墙上摄像机”,选择单击“系统”选项卡下“电气”面板上的“设备”下拉菜单，选择“安全”，如图 5-20 所示。选择“BM_ 墙上摄像机”，“标高”设置为 2F，“偏移量”设置为 -300，如图 5-21 所示，单击绘图区域中摄像机的绘制完成摄像机的添加。

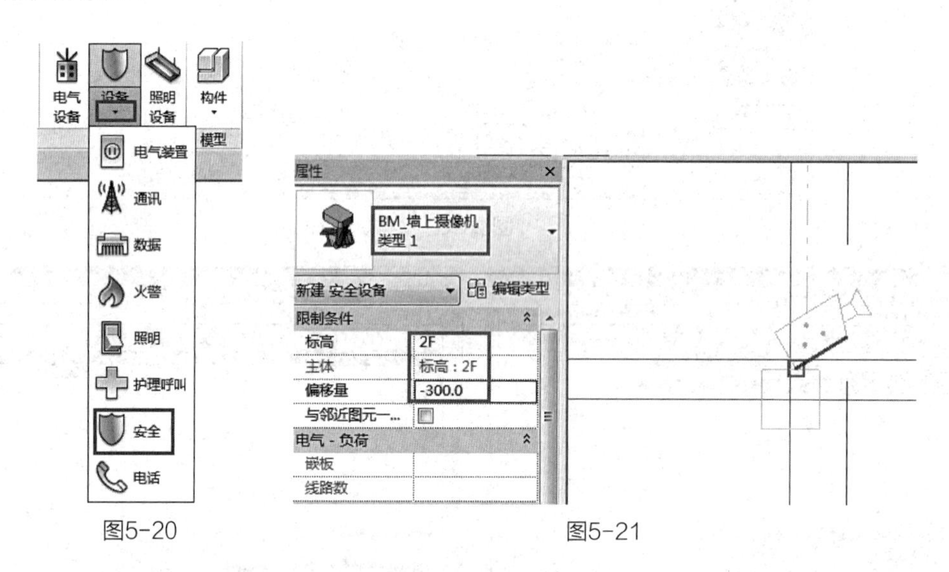

图5-20　　图5-21

将视图切换到三维视图，可以看到刚刚绘制的弱电桥架仍然是系统默认的颜色。与强电桥架相同，通过过滤器给弱电桥架添加颜色，如图 5-22 所示，将弱电桥架设置为青色。设置完成之后单击“确定”，结果如图 5-23 所示。

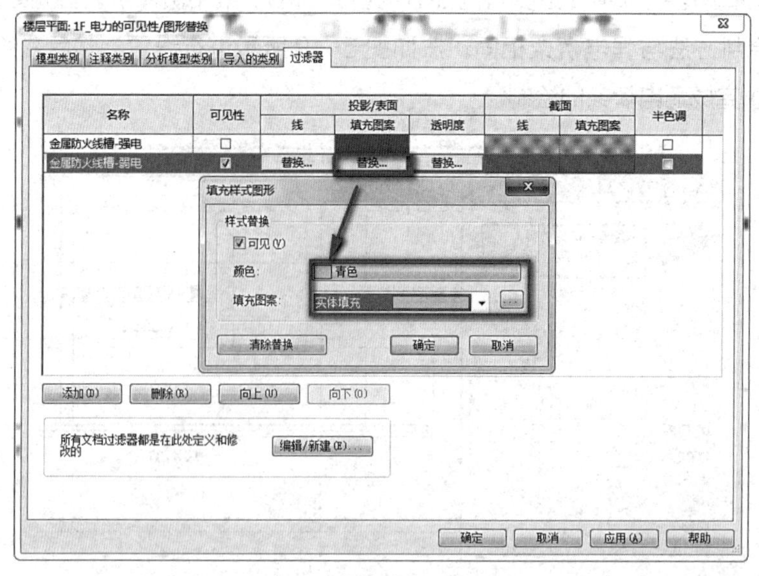

图5-22

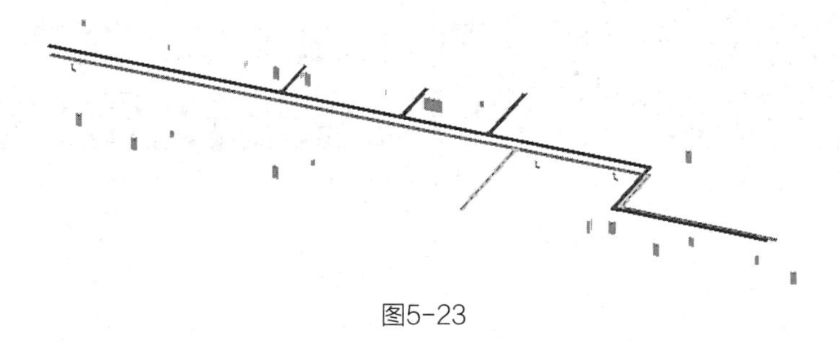

图5-23

5.3 照明系统的绘制

5.3.1 导入 CAD 底图

在项目浏览器中选择“电气 - 建模 - 照明”，双击进入“1F_ 照明”平面视图，单击“插入”选项卡下“导入”面板中的“导入 CAD”，单击打开“导入 CAD 格式”对话框，从“地下车库 CAD”中选择“地下车库照明平面图”DWG 文件，具体设置如图 5-24 所示。导入之后将“地下车库照明平面图”与轴网对齐锁定。

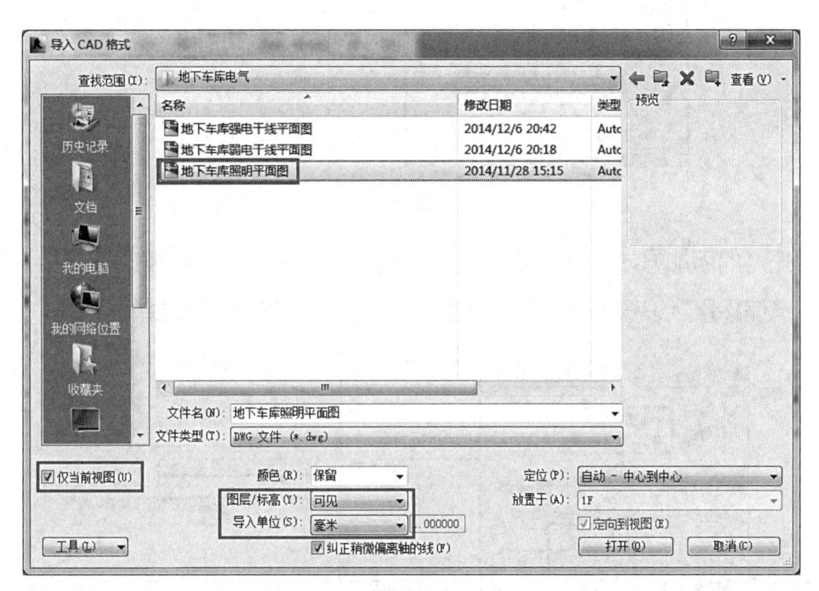

图5-24

打开视图 1F 的可见性设置对话框，在“导入的类别”面板下勾选“在此视图中显示导入的类别”，如图 5-25 所示。在“过滤器”面板下添加强电桥架和弱电桥架的过滤器并取消勾选其可见性，如图 5-26 所示。单击“确定”完成设置。

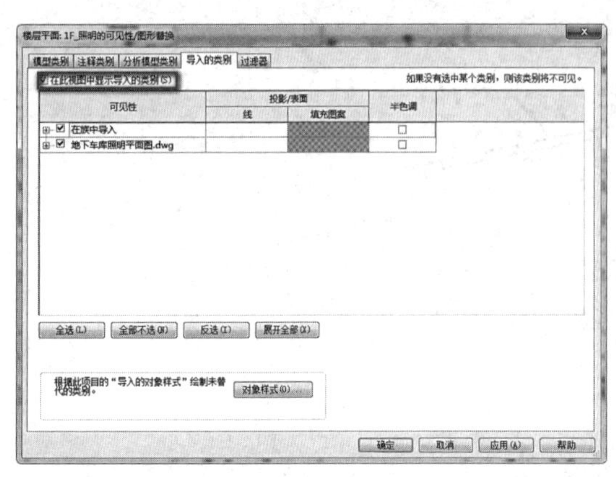
图5-25

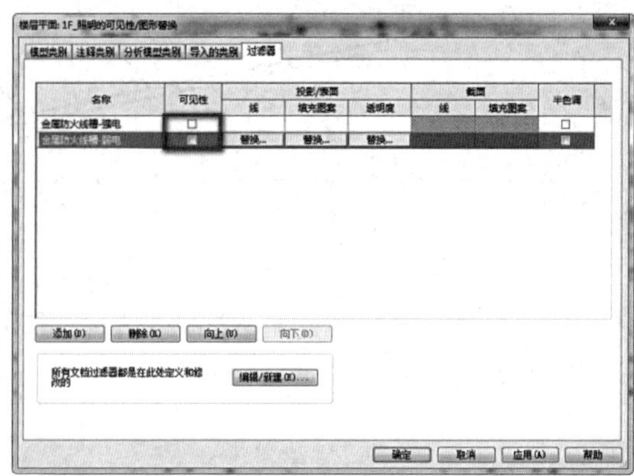
图5-26

载入设备族“BM_双管荧光灯_带蓄电池”，单击“系统”选项卡下“电气”面板上的“照明设备”命令，选择“BM_双管荧光灯_带蓄电池”，“偏移量”设置为2200，如图5-27所示。在绘图区域按照CAD所示荧光灯位置单击放置。

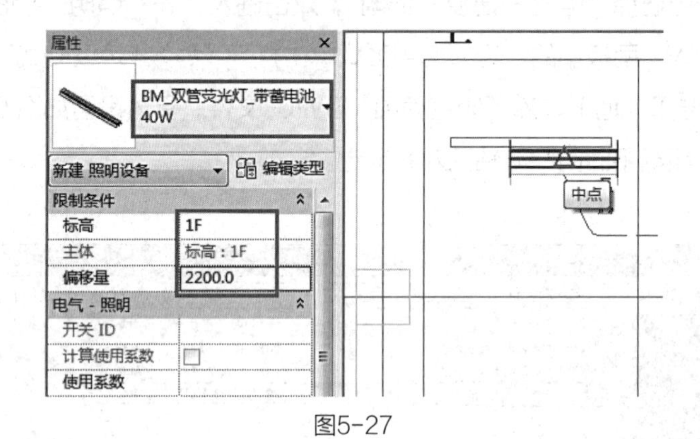

图5-27

双管荧光灯的添加方法与上述带蓄电池的荧光灯方法相同，在照明设备中选择“BM_双管荧光灯”，“偏移量”设置为2200，如图5-28所示，在绘图区域单击放置。

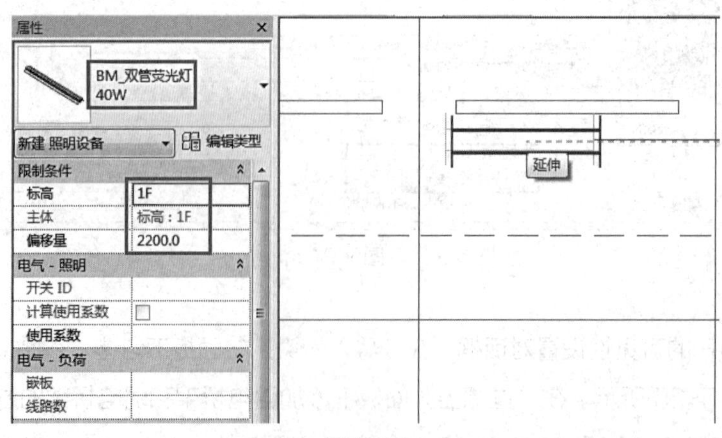

图5-28

图中双管荧光灯个数比较多，但是排布很有规律，因此可以采用复制的方法，将部分双管荧光等整体复制，这样可以节约绘图时间。

壁灯是贴着墙面放置的，因此放置壁灯时需要有主体，此时需要将之前绘制的“地下车库 - 结构模型”链接进来。如图 5-29 所示，单击“插入”选项卡下“链接”面板上的“链接 Revit”命令，选择之前绘制的“地下车库 - 结构模型”，定位设置为“原点到原点”，如图 5-30 所示。

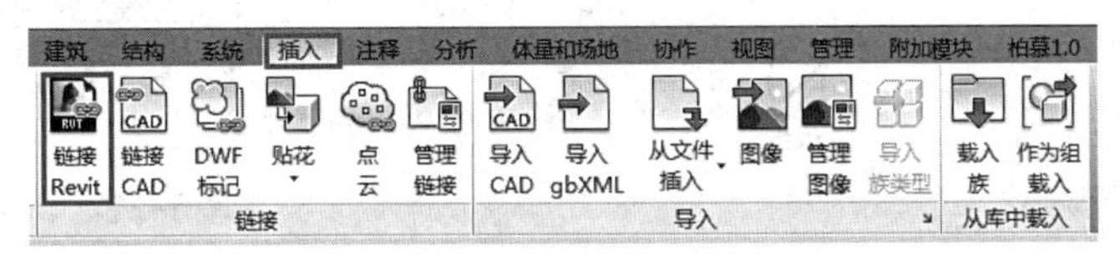

图5-29

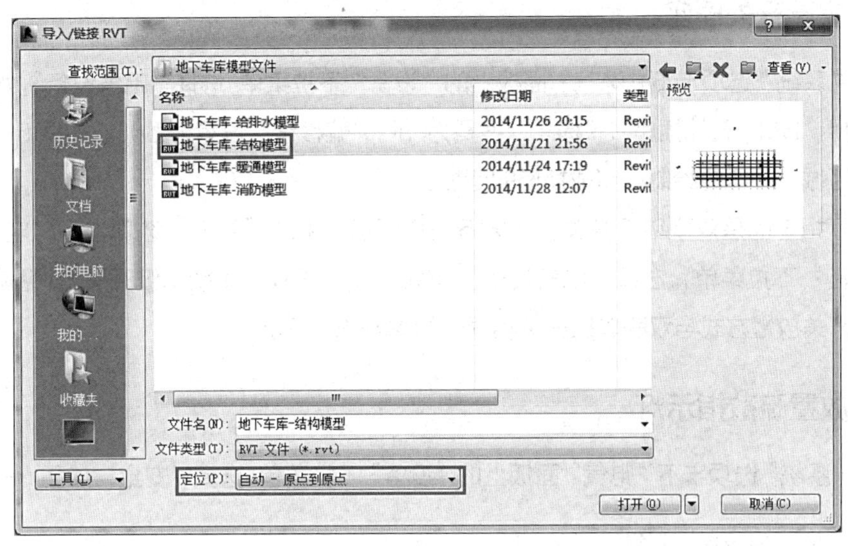

图5-30

同样，单击“系统”选项卡下“电气”面板上的“照明设备”命令，选择“BM_ 壁灯”，“偏移量”设置为 2500，如图 5-31 所示。在绘图区域按照 CAD 所示壁灯位置单击放置。

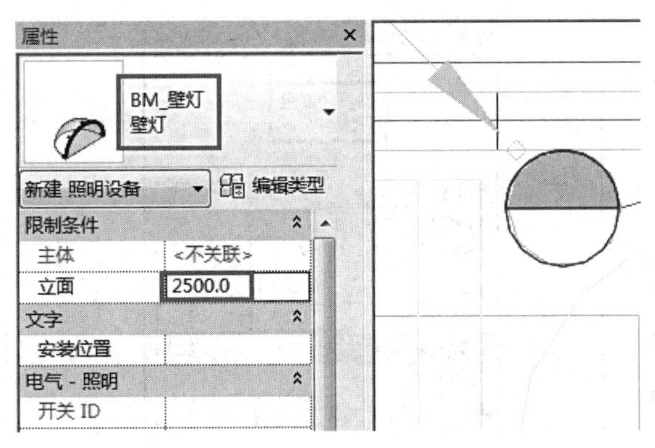

图5-31

防水防尘吸顶灯和带蓄电池的防水防尘吸顶灯设置分别如图 5-32、图 5-33 所示，然后在绘图区域按照 CAD 所示位置单击放置。

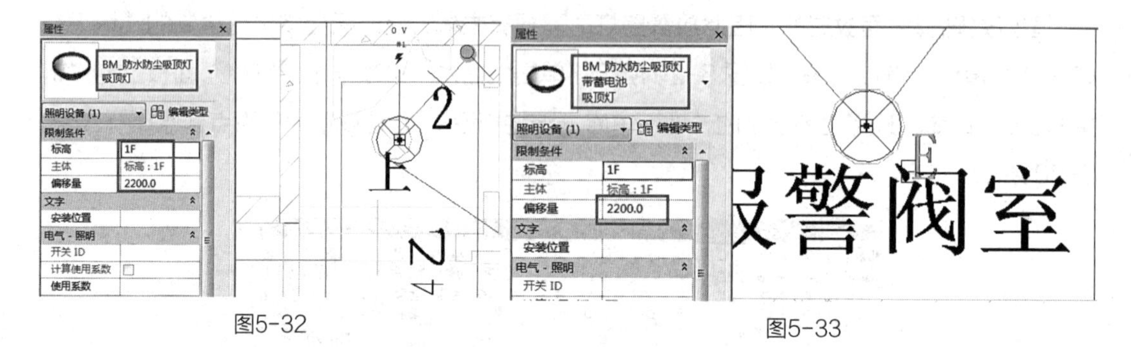

图5-32　　　　图5-33

5.3.2　放置开关插座

单击“系统”选项卡下“电气”面板上的“设备”下拉菜单,选择“电气设备”,如图 5-34 所示。选择“BM_五孔插座”,“标高”设置为 1F,“偏移量”设置为 500，如图 5-35 所示，单击绘图区域中插座的绘制，完成插座的添加。

与壁灯相连的是双联单级开关，如图 5-36 所示。单击“系统”选项卡下“电气”面板上的“设备”下拉菜单，选择“电气设备”，然后选择“BM_双联单级开关”，贴墙放置。

单级开关放置方式与双联单级开关相同，如图 5-37 所示。

5.3.3　放置疏散指示灯

单击“系统”选项卡下“电气”面板上的“设备”下拉菜单,选择“安全”,如图 5-38 所示。

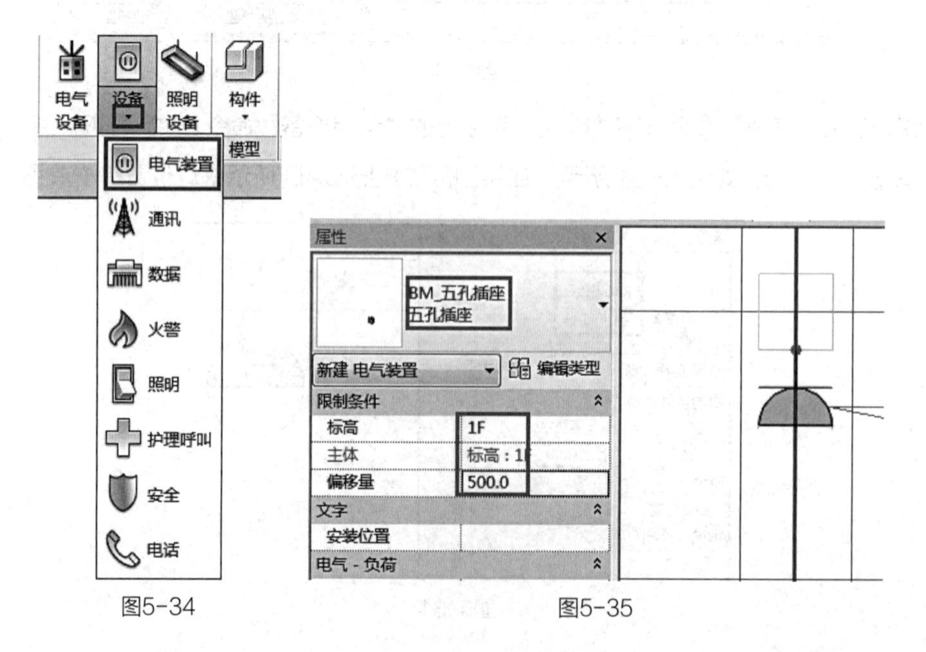

图5-34　　　　图5-35

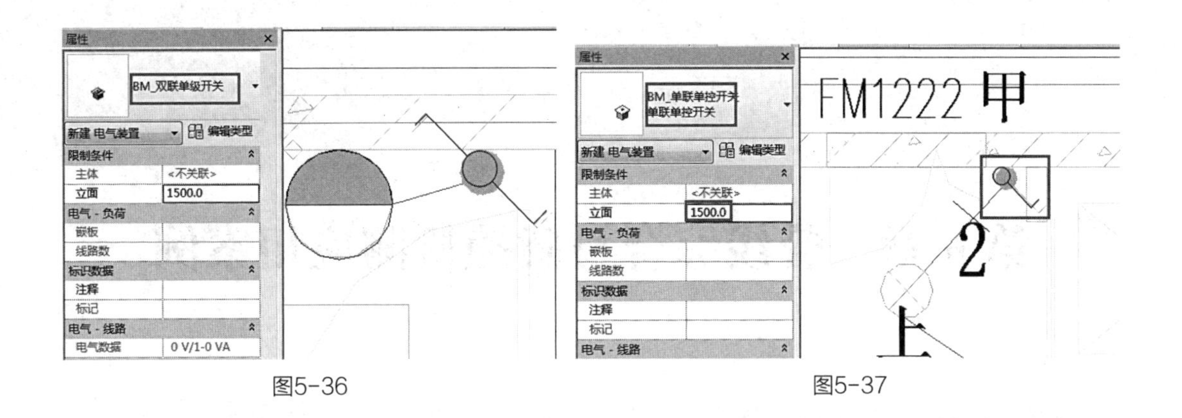

图5-36　　　　图5-37

选择“BM_ 安全出口指示”，“标高”设置为 1F，“偏移量”设置为 2200，单击绘图区域中摄像机的绘制完成疏散指示灯的添加。

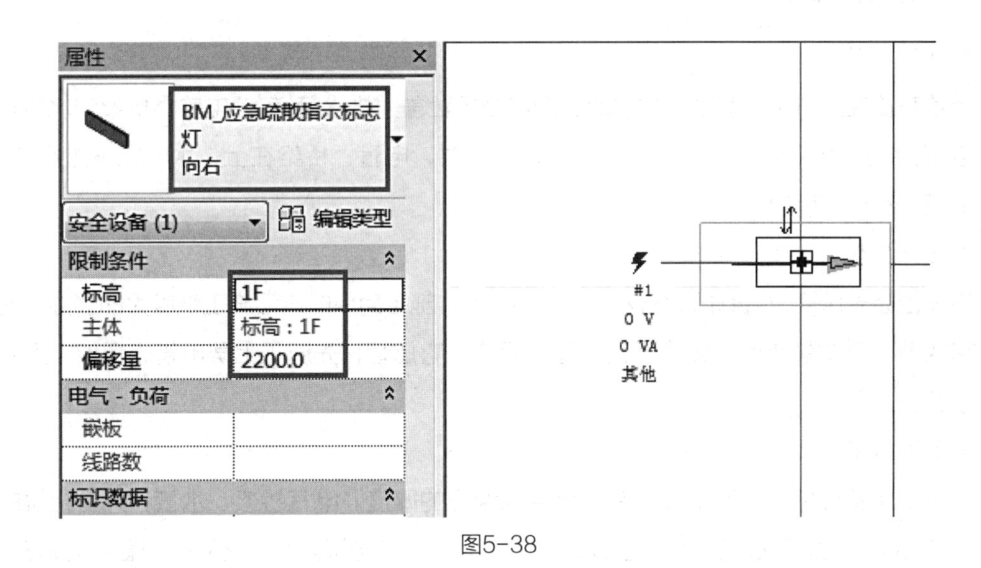

图5-38

电气模型完成后如图 5-39 所示。

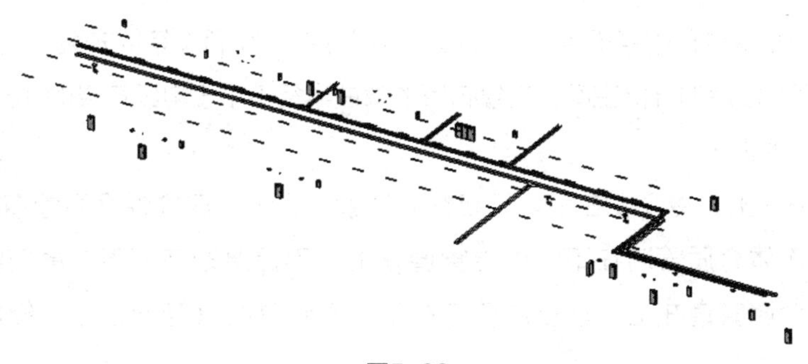

图5-39

第 6 章　管线综合与碰撞检测应用案例

6.1　管线综合排布

6.1.1　管线综合排布原则

1. 总体原则

风管布置在上方（当有重力排水时，通风必须让重力排水管道），电管、桥架和水管在同一高度的时候，水平分开布置；在同一垂直方向时，电管、桥架在上，水管在下进行布置。综合协调，利用可用的空间。

2. 避让原则

有压管让无压管，水管让风管，小管线让大管线，施工简单的避让施工难度大的。施工时：先安装大管，后安装小管；先施工无压管，后施工有压管；先施工上层电管、桥架，后安装下层水管。

3. 管道间距

考虑到水管外壁，空调水管、空调风管保温层的厚度。电气桥架、水管，外壁距墙的距离最小 100mm，直管段风管距墙距离最小 150mm，沿结构墙需 90° 拐弯，风管及有消声器、较大阀部件等区域，根据实际情况确定距墙柱距离，管线布置时考虑无压管道的坡度。不同专业管线间距离，尽量满足施工规范要求。

4. 考虑机电末端空间

整个管线的布置过程中考虑到以后灯具、烟感探头、喷洒头等的安装，电气桥架安装后放线的操作空间及以后的维修空间，电缆布置的弯曲半径不小于电缆直径的 15 倍。

5. 垂直面排列管道

热介质管道在上，冷介质在下。无腐蚀介质管道在上，腐蚀性介质管道在下。气体介质管道在上，液体介质管道在下。保温管道在上，不保温管道在下。高压管道在上，低压管道在下。金属管道在上，非金属管道在下。不经常检修管道在上，经常检修的管道在下。

上述为管线布置基本原则，管线综合协调过程中根据实际情况综合布置，管间距离以便于安装、检修为原则。

6.1.2 管线综合排布方案

1. 管线综合排布方案一

当风管下方有散流器时，风管下方不可以排布其他管道。电缆桥架排布在风管左侧，水管排布在风管右侧。如图 6-1 所示。

2. 管线综合排布方案二，如图 6-2 所示。

3. 管线综合排布方案三，如图 6-3 所示。

4. 管线综合排布方案四，如图 6-4 所示。

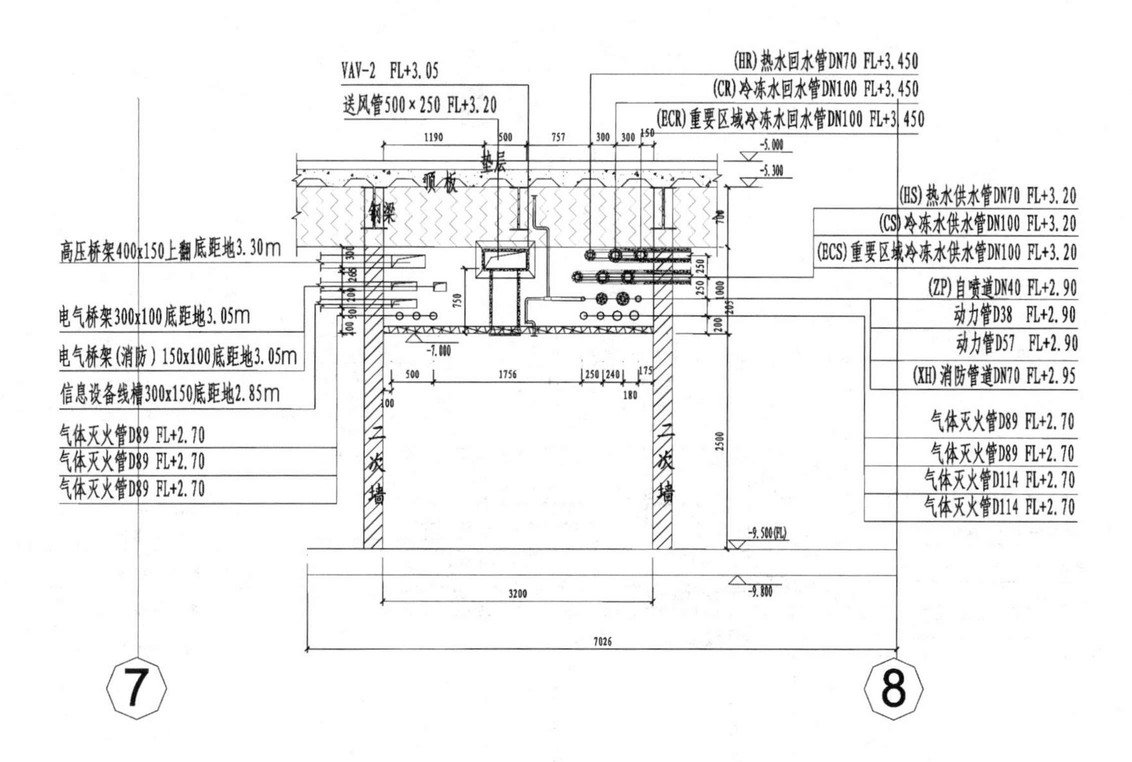

图6-1

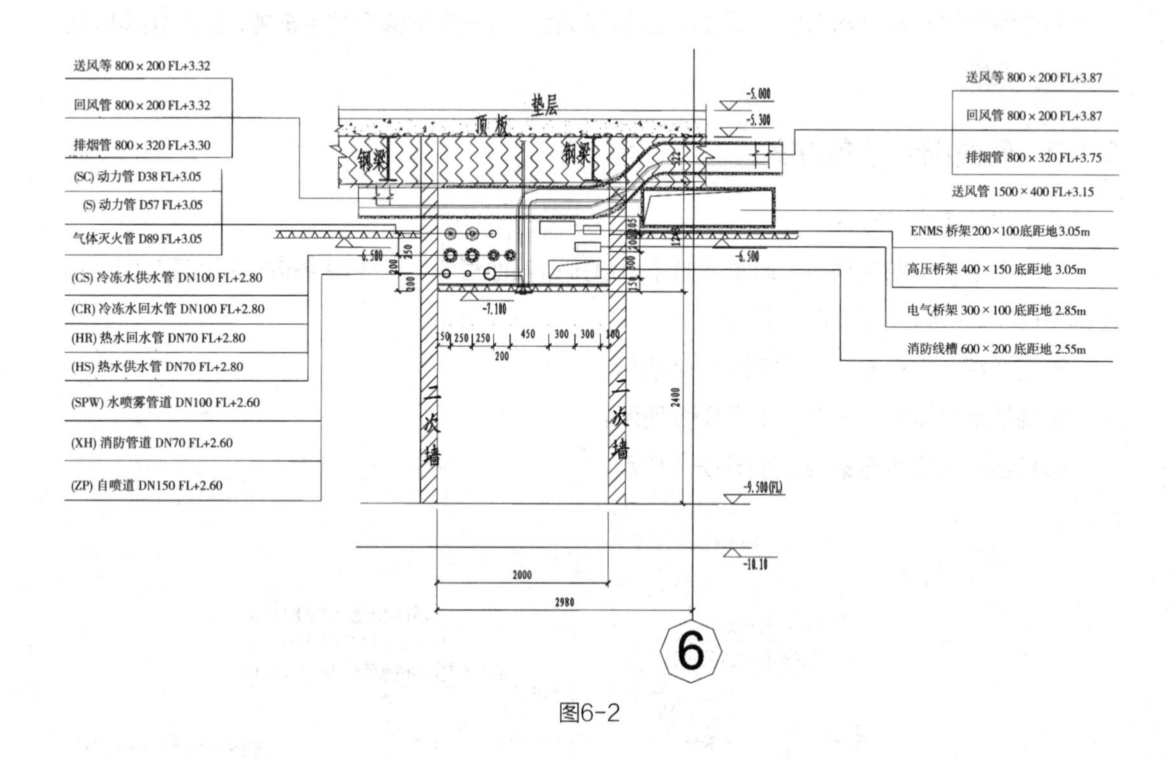
送风等 800×200 FL+3.32
回风管 800×200 FL+3.32
排烟管 800×320 FL+3.30
(SC) 动力管 D38 FL+3.05
(S) 动力管 D57 FL+3.05
气体灭火管 D89 FL+3.05
(CS) 冷冻水供水管 DN100 FL+2.80
(CR) 冷冻水回水管 DN100 FL+2.80
(HR) 热水回水管 DN70 FL+2.80
(HS) 热水供水管 DN70 FL+2.80
(SPW) 水喷雾管道 DN100 FL+2.60
(XH) 消防管道 DN70 FL+2.60
(ZP) 自喷道 DN150 FL+2.60
送风等 800×200 FL+3.87
回风管 800×200 FL+3.87
排烟管 800×320 FL+3.75
送风管 1500×400 FL+3.15
ENMS 桥架 200×100底距地 3.05m
高压桥架 400×150 底距地 3.05m
电气桥架 300×100 底距地 2.85m
消防线槽 600×200 底距地 2.55m
垫层
顶板
钢梁
二次墙
6
图6-2

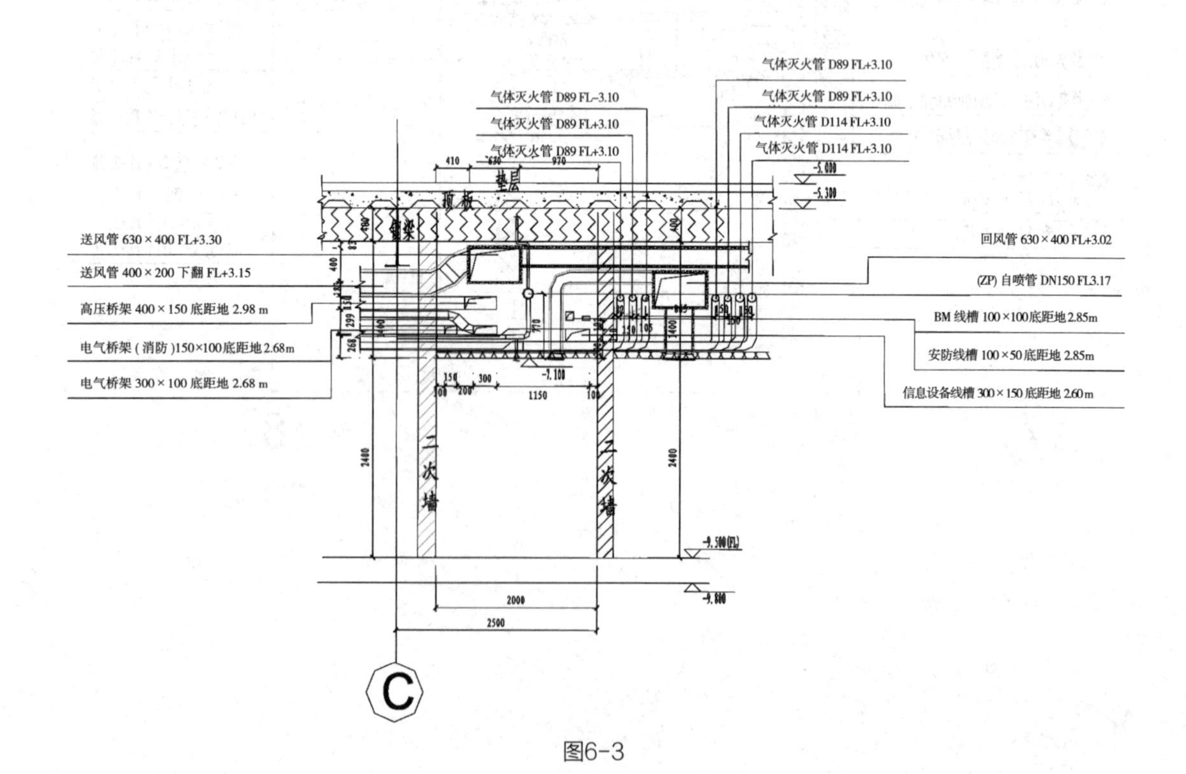
气体灭火管 D89 FL+3.10
气体灭火管 D89 FL-3.10
气体灭火管 D89 FL+3.10
气体灭火管 D114 FL+3.10
气体灭火管 D89 FL+3.10
气体灭火管 D89 FL+3.10
气体灭火管 D114 FL+3.10
送风管 630×400 FL+3.30
送风管 400×200 下翻 FL+3.15
高压桥架 400×150 底距地 2.98 m
电气桥架（消防）150×100底距地 2.68m
电气桥架 300×100 底距地 2.68 m
回风管 630×400 FL+3.02
(ZP) 自喷管 DN150 FL3.17
BM 线槽 100×100底距地 2.85m
安防线槽 100×50底距地 2.85m
信息设备线槽 300×150 底距地 2.60m
垫层
顶板
钢梁
二次墙
C
图6-3

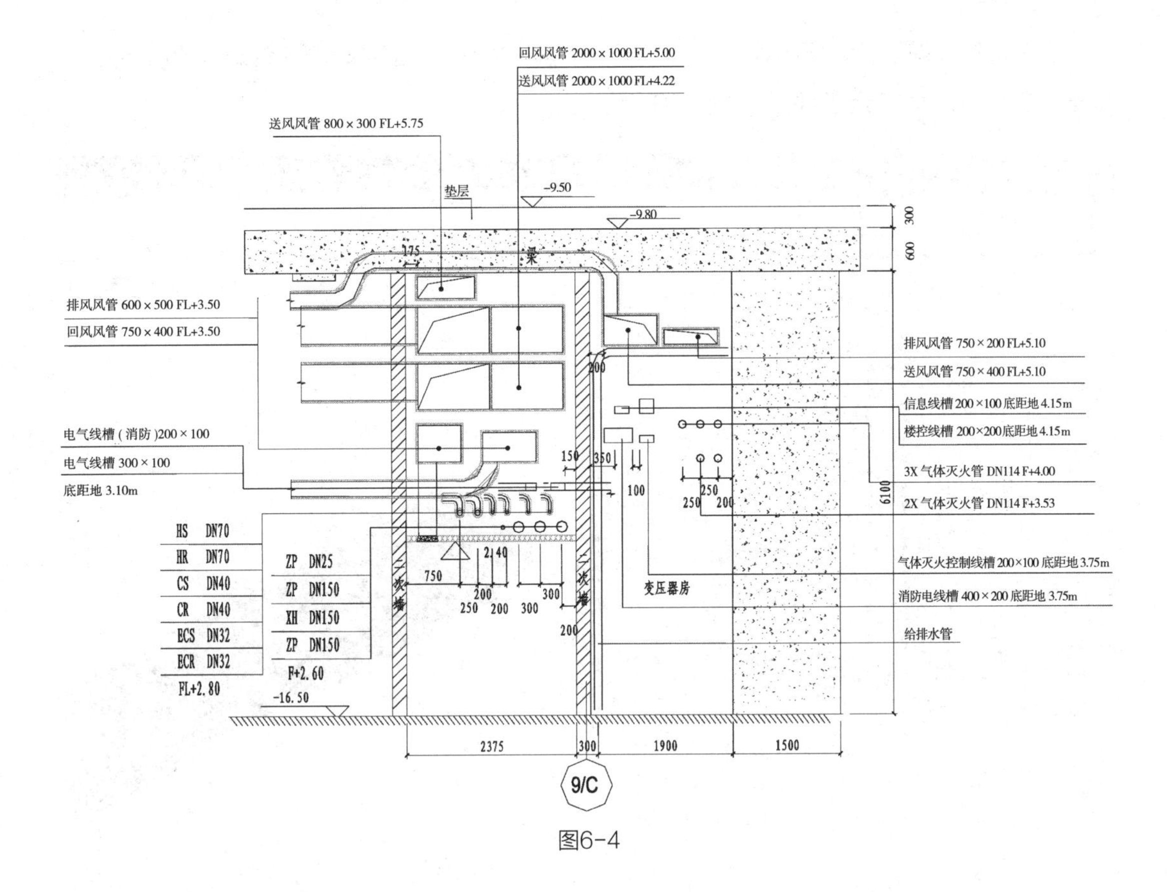

图6-4

6.1.3 导出管线综合漫游视频

1. 打开地下车库结构模型，链接前面管综调节完成的给排水、暖通、电气、消防、电气模型。链接完成后如图 6-5 所示。

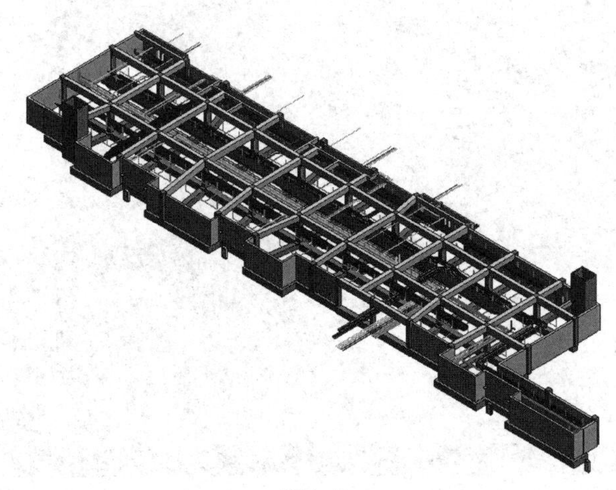

图6-5

2. 单击外部辅助工具“Fuzor plugin”选项卡，单击“Fuzor启动按钮”勾选载入的链接文件，单击“OK”，fuzor 自动启动。如图 6-6 所示。

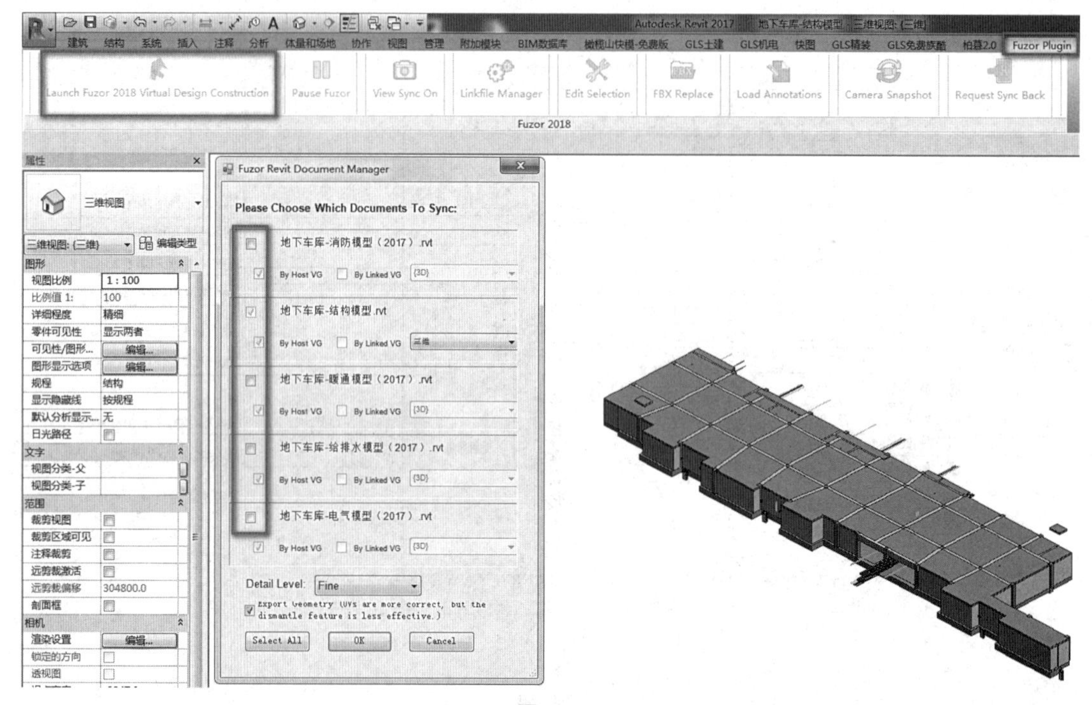

图6-6

3. 待 Fuzor 加载完成后，单击“导航控制”命令，在弹出的选项卡下选择放置任务按钮，将模拟任务放在地下车库的入口处，如图 6-7 所示。

图6-7

4. 单击“more option”更多选项按钮，在弹出的窗口下，选择视频录制命令“■”如图 6-8 所示，然后单击开始录制按钮“■”，移动人物走完需要录制漫游的路径，单击“保存”即可保存成视频文件如图 6-9 所示。

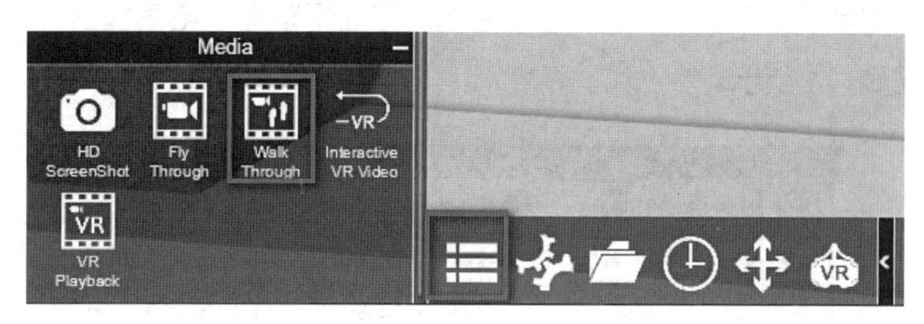

图6-8

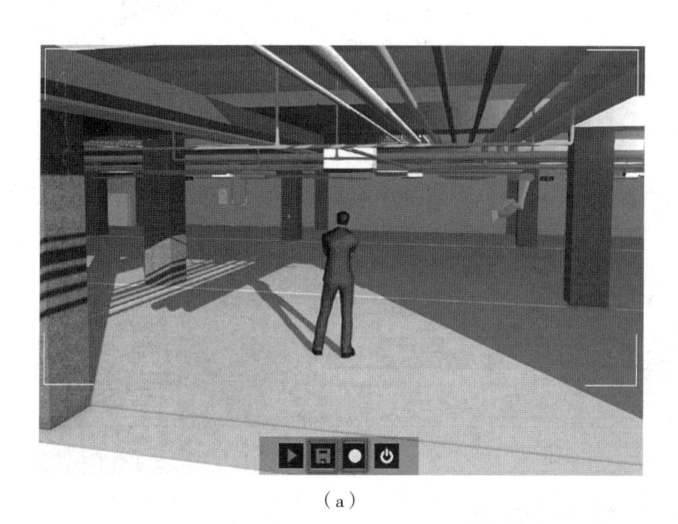

（a）

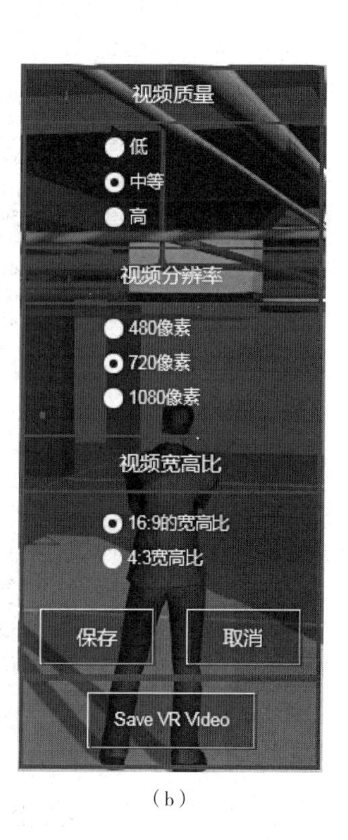

（b）

图6-9

6.2 Revit 碰撞检查

Revit 模型可视化的特点使得各专业构件之间的碰撞检查具有可行性。本节主要介绍如何在 Revit 中进行碰撞检查及导出相应的碰撞报告。Revit 碰撞检查的优势在于其可以对碰撞点进行实时的修改，劣势在于只能进行单一的硬碰撞，而且导出的报告没有相应的图片信息。小型项目在 Revit 中做碰撞检查还是比较方便的。

6.2.1 链接 Revit

打开之前绘制的“地下车库－给排水模型”,单击“插入”选项卡下“链接”面板上的“链接 Revit”命令，如图 6-10 所示。选择之前绘制的“地下车库－电气模型”，定位设置为“原点到原点”，如图 6-11 所示。

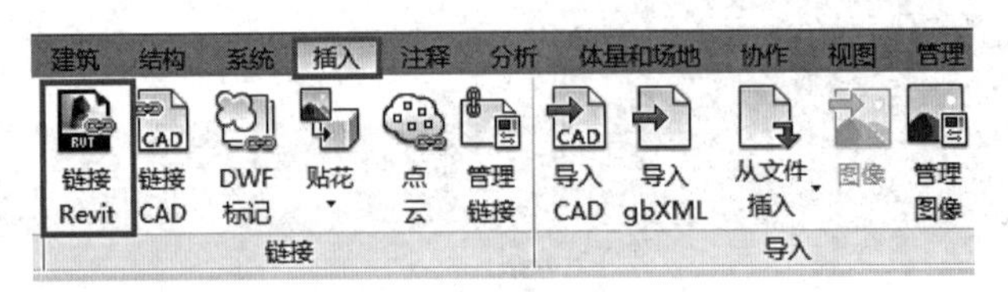

图6-10

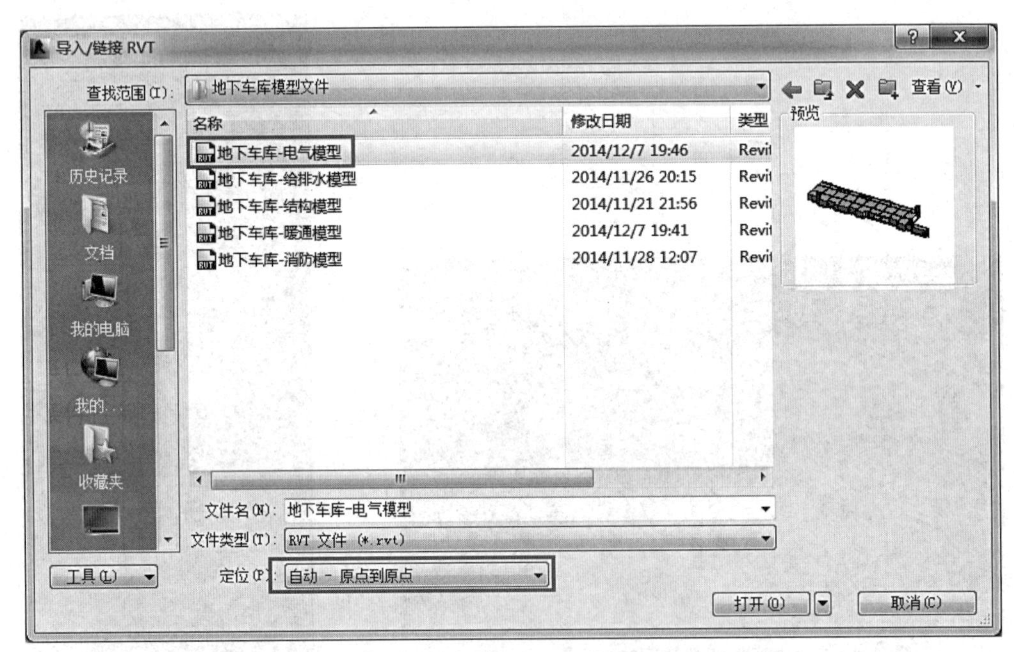

图6-11

单击“打开”之后会跳出如图 6-12 所示对话框。这是因为之前在绘制电气模型的时候链接了“地下车库－结构模型”，且设置为默认的“覆盖”，所以在电气模型中链接到其他模型时结构模型不显示。这里并不影响使用，直接单击关闭即可。

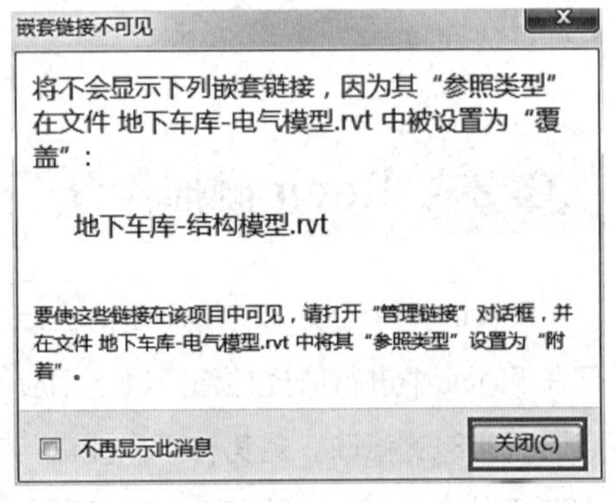

图6-12

链接进来电气模型之后三维视图如图 6-13 所示。

同样的方法将之前绘制的“地下车库－暖通模型”、“地下车库－消防模型”和“地下车库－结构模型”链接进来，三维视图如图 6-14 所示。

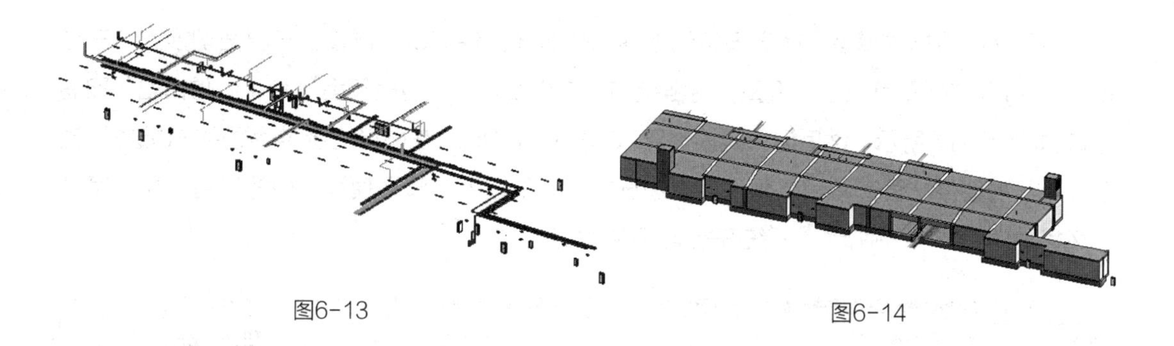

图6-13　　　　图6-14

6.2.2　运行 Revit 碰撞

单击“协作”选项卡下“坐标”面板上的“碰撞检查”命令，选择运行碰撞检查，如图 6-15 所示。

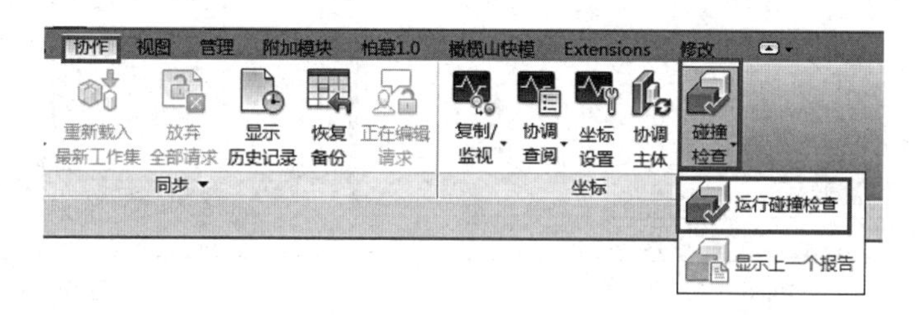

图6-15

在弹出的碰撞检查对话框中有两部分内容，如图 6-16 所示。左右两边的“类别项目”用来选择运行碰撞检查的对象。单击下拉菜单可以看到里面有当前项目和链接的模型，运行碰撞检查时只能是当前项目与当前项目或其中的链接模型进行，链接模型与链接模型不能运行碰撞检查。

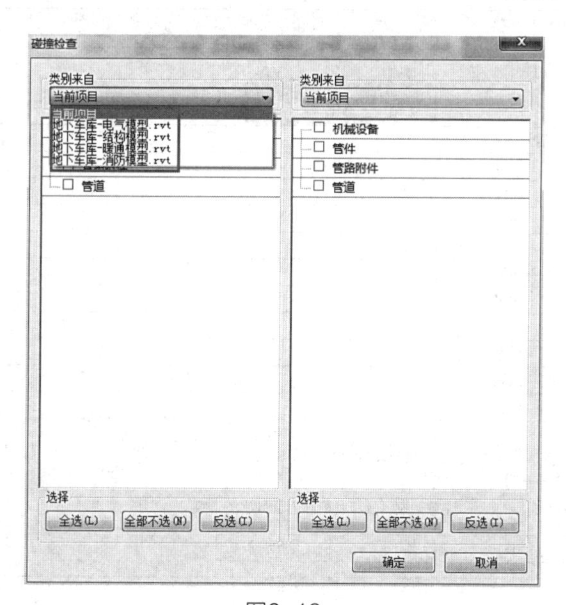

图6-16

接下来以给排水模型与暖通模型的碰撞为例具体介绍 Revit 碰撞。将界面切换到“三维视图”，打开“视图可见性”设置，将链接的“结构模型”、“电气模型”和“消防模型”取消勾选，如图 6-17 所示。然后运行碰撞检查，如图 6-18 所示，在碰撞检查对话框中左边选择“当前项目”的管件、管道和管路附件，右边选择“地下车库—暖通模型”中的风管、风管管件和风管附件。单击“确定”，系统开始运行碰撞检查。

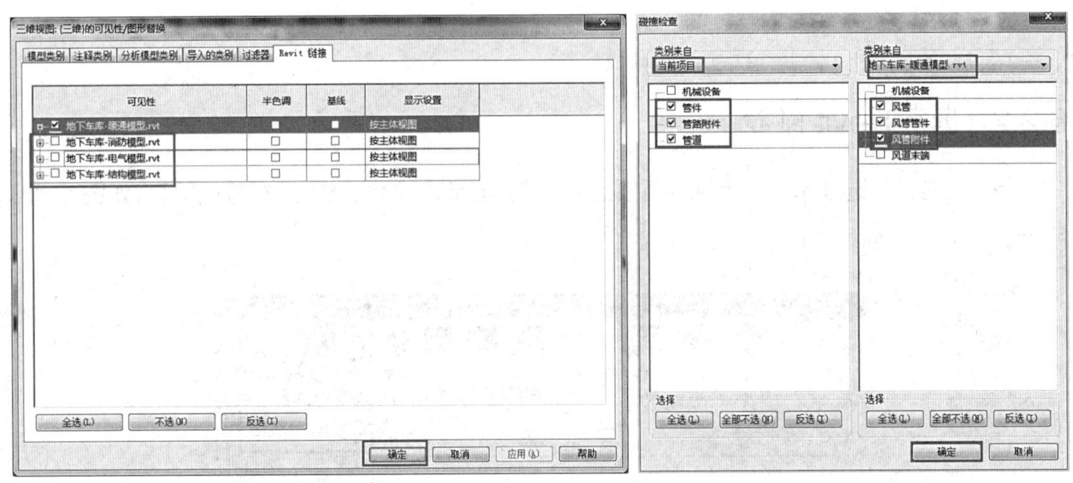

图6-17　　图6-18

运行碰撞检查之后系统会自动弹出一个冲突报告的对话框，如图 6-19 所示。最上方的成组条件控制的是碰撞点的排列顺序，图中显示的是“类别 1，类别 2”，对应下方碰撞点的排列顺序就是管件在前、风管在后。

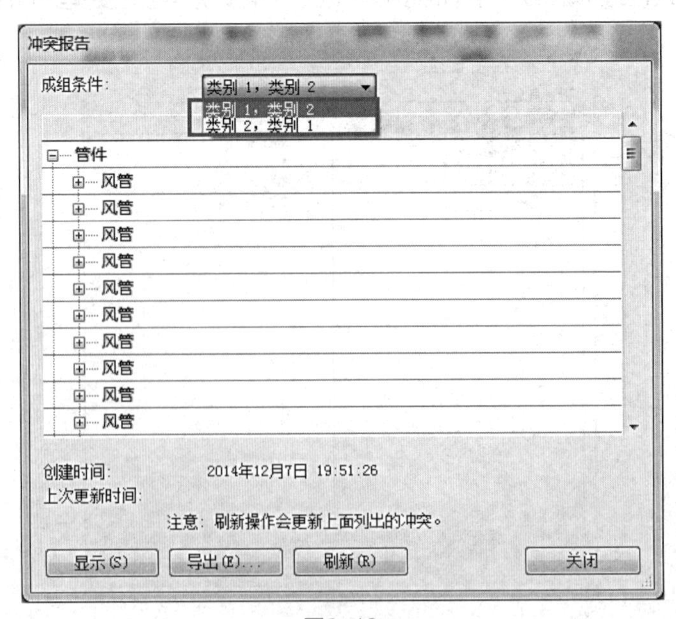

图6-19

单击第一个风管前面的“+”号，可以展开碰撞点的具体信息，如图 6-20 所示。碰撞点的信息包含构件的类别、族类型及 ID 号。

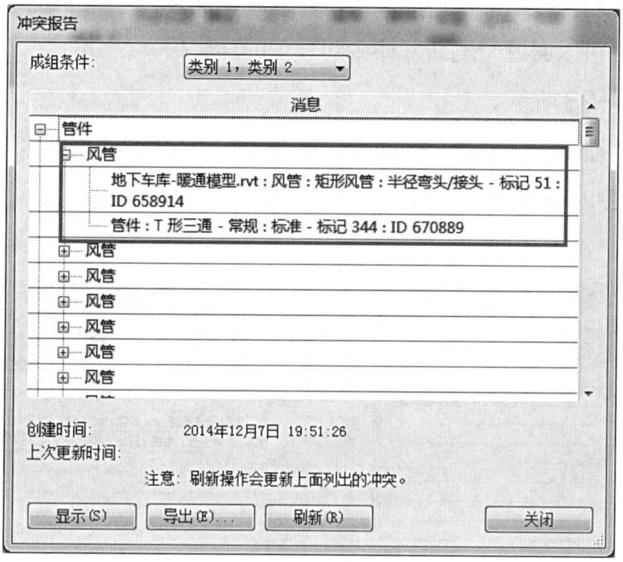

图6-20

选择如图 6-21 所示碰撞构件，单击“显示”按钮，可以在三维视图中看到此风管高亮显示。然后单击“关闭”，查看模型，找出碰撞的原因并作相应的修改。

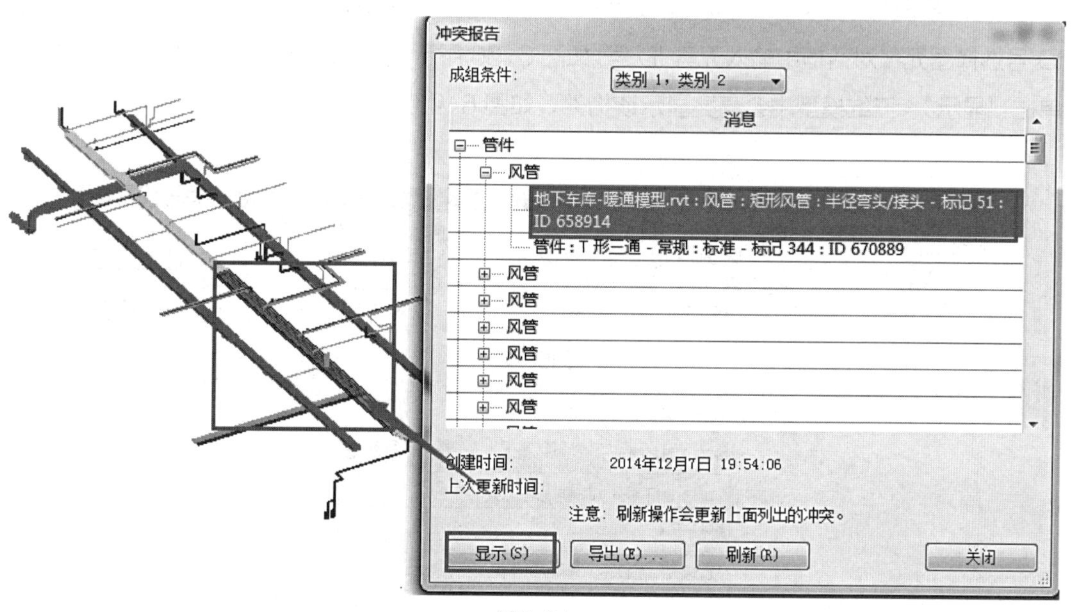

图6-21

修改完一个碰撞点之后，单击“碰撞检查”下的“显示上一个报告”，如图 6-22 所示，可以查看上一个碰撞报告。

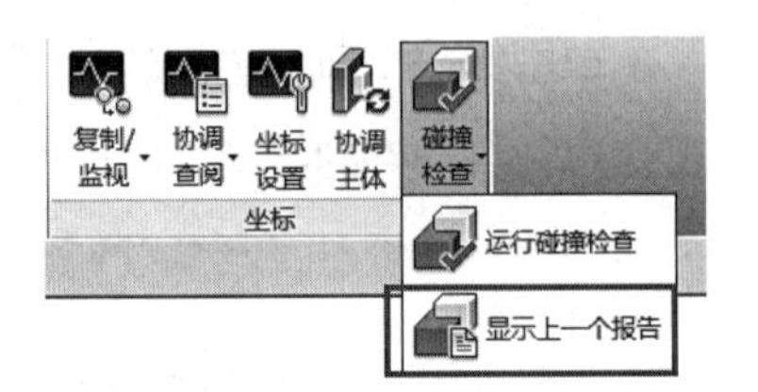

图6-22

如果已经将第一个碰撞点修改完成，在冲突报告中该碰撞点就会自动消失，如果修改的碰撞点过多或其他原因使碰撞点没有自动消失，可以通过“刷新”命令对模型的冲突报告进行更新，如图 6-23 所示。

除了可以通过“显示”命令显示碰撞点的构件之外，还可以通过元素 ID 号对其进行查询。如图 6-24 所示，在冲突报告中会显示构件的 ID 号。

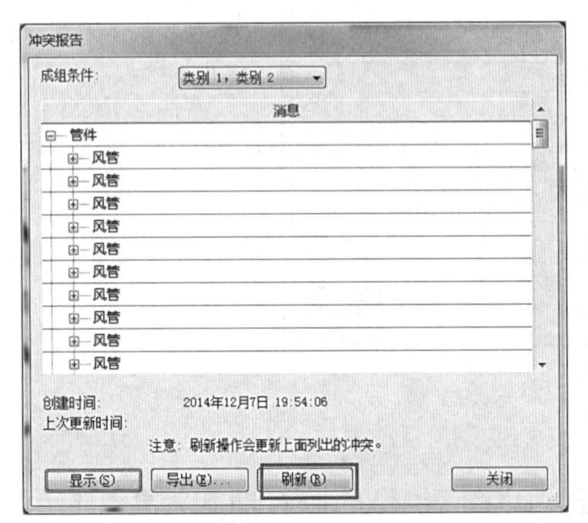

图6-23

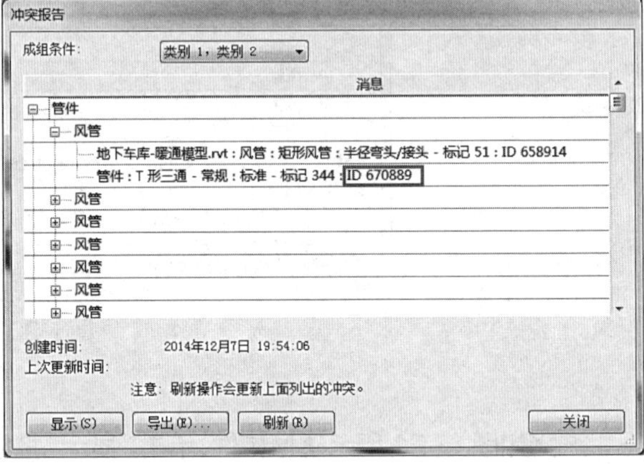

图6-24

单击“管理”选项卡下“查询”面板上的“按 ID 查询”命令，如图 6-25 所示。在弹出的“按 ID 号选择图元”对话框中输入元素 ID 号，如图 6-26 所示，输入第一个碰撞点中管件的 ID 号，单击“显示”，三维模型中会高亮显示该构件，如图 6-27 所示。

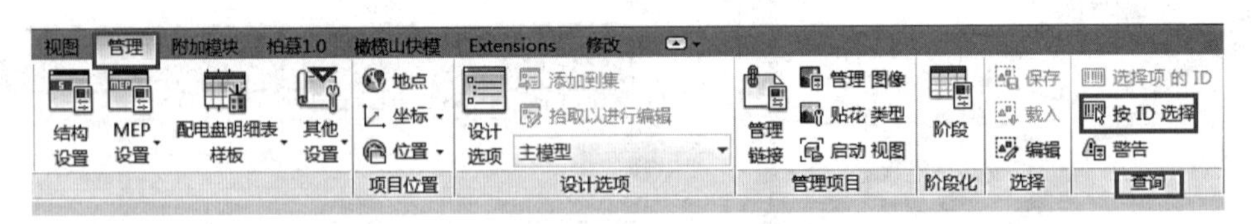

图6-25

图6-26

6.2.3　导出碰撞报告

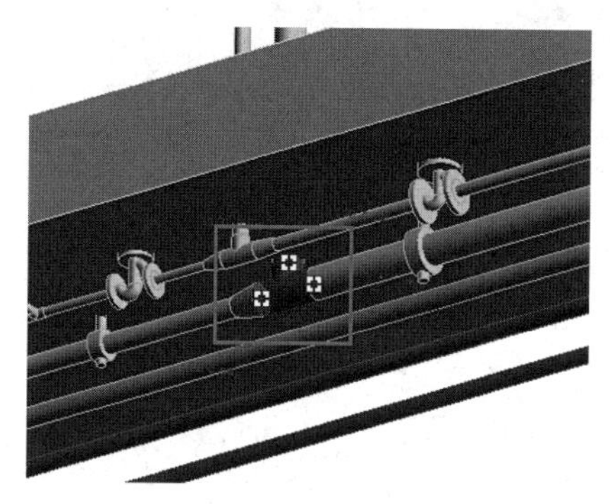

图6-27

单击冲突报告下方“导出”命令，保存该冲突报告为“给排水模型与暖通模型”，如图 6-28 所示，该碰撞报告格式为 .html。导出报告后打开，如图 6-29 所示。该冲突报告中的内容与 Revit 界面的冲突报告内容一致。

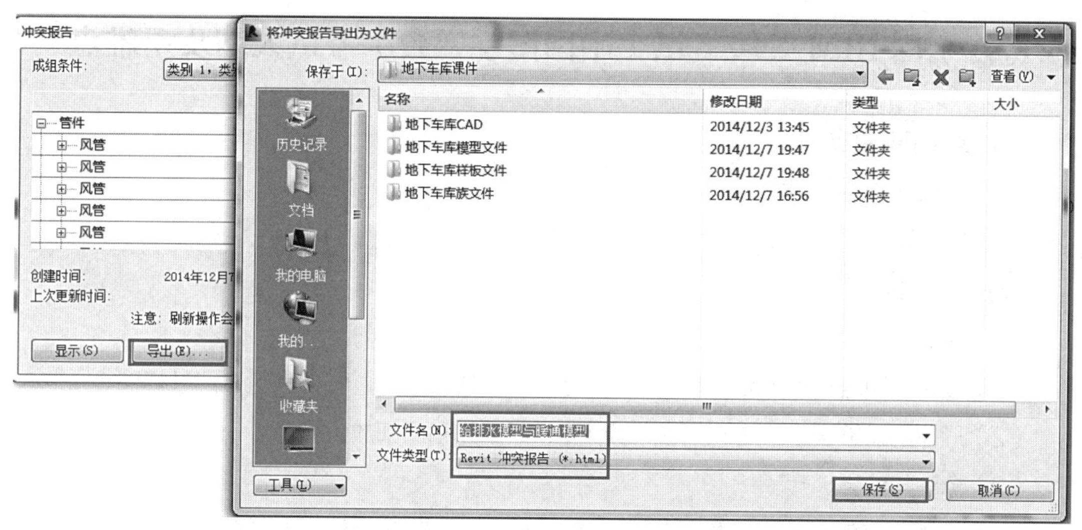

图6-28

冲突报告

冲突报告项目文件： C:\Users\121\Desktop\地下车库课件\地下车库模型文件\地下车库-给排水模型.rvt
创建时间： 2014年12月7日 19:54:06
上次更新时间：

	A	B
1	管道 : 管道类型 : 标准 - 标记 203 : ID 681265	地下车库-暖通模型.rvt : 风管 : 矩形风管 : 半径弯头/接头 - 标记 2 : ID 648586
2	管道 : 管道类型 : 标准 - 标记 41 : ID 671176	地下车库-暖通模型.rvt : 风管 : 矩形风管 : 半径弯头/接头 - 标记 3 : ID 648700
3	管道 : 管道类型 : 标准 - 标记 42 : ID 671195	地下车库-暖通模型.rvt : 风管 : 矩形风管 : 半径弯头/接头 - 标记 3 : ID 648700
4	管件 : 弯头 - 常规 : 标准 - 标记 388 : ID 671207	地下车库-暖通模型.rvt : 风管 : 矩形风管 : 半径弯头/接头 - 标记 3 : ID 648700
5	管道 : 管道类型 : 标准 - 标记 44 : ID 671211	地下车库-暖通模型.rvt : 风管 : 矩形风管 : 半径弯头/接头 - 标记 3 : ID 648700
6	管件 : 弯头 - 常规 : 标准 - 标记 390 : ID 671219	地下车库-暖通模型.rvt : 风管 : 矩形风管 : 半径弯头/接头 - 标记 3 : ID 648700
7	管道 : 管道类型 : 标准 - 标记 179 : ID 680605	地下车库-暖通模型.rvt : 风管 : 矩形风管 : 半径弯头/接头 - 标记 3 : ID 648700
8	管件 : 45° 斜四通-承插 : 标准 - 标记 724 : ID 680622	地下车库-暖通模型.rvt : 风管 : 矩形风管 : 半径弯头/接头 - 标记 3 : ID 648700
9	管道 : 管道类型 : 标准 - 标记 185 : ID 680946	地下车库-暖通模型.rvt : 风管 : 矩形风管 : 半径弯头/接头 - 标记 3 : ID 648700
10	管件 : T 形三通 - 常规 : 标准 - 标记 725 : ID 680948	地下车库-暖通模型.rvt : 风管 : 矩形风管 : 半径弯头/接头 - 标记 3 : ID 648700
11	管道 : 管道类型 : 标准 - 标记 186 : ID 680949	地下车库-暖通模型.rvt : 风管 : 矩形风管 : 半径弯头/接头 - 标记 3 : ID 648700
12	管道 : 管道类型 : 标准 - 标记 190 : ID 681056	地下车库-暖通模型.rvt : 风管 : 矩形风管 : 半径弯头/接头 - 标记 3 : ID 648700
13	管件 : T 形三通 - 常规 : 标准 - 标记 745 : ID 681058	地下车库-暖通模型.rvt : 风管 : 矩形风管 : 半径弯头/接头 - 标记 3 : ID 648700
14	管道 : 管道类型 : 标准 - 标记 191 : ID 681059	地下车库-暖通模型.rvt : 风管 : 矩形风管 : 半径弯头/接头 - 标记 3 : ID 648700
15	管道 : 管道类型 : 标准 - 标记 196 : ID 681144	地下车库-暖通模型.rvt : 风管 : 矩形风管 : 半径弯头/接头 - 标记 3 : ID 648700

图6-29

附　录

1　全国 BIM 等级考试（中国图学学会）考试大纲及重难点

1）基本知识要求

（1）制图的基本知识；

（2）投影知识。

正投影、轴测投影、透视投影。

2）制图知识

（1）技术制图的国家标准知识（图幅、比例、字体、图线、图样表达、尺寸标注等）；

（2）形体的二维表达方法（视图、剖视图、断面图和局部放大图等）；

（3）标注与注释；

（4）土木与建筑类专业图样的基本知识（例如：建筑施工图、结构施工图、建筑水暖电设备施工图等）。

3）计算机绘图的基本知识

4）计算机绘图基本知识

（1）有关计算机绘图的国家标准知识；

（2）模型绘制；

（3）模型编辑；

（4）模型显示控制；

（5）辅助建模工具和图层；

（6）标注、图案填充和注释；

（7）专业图样的绘制知识；

（8）项目文件管理与数据转换。

5）BIM 建模的基本知识

（1）BIM 基本概念和相关知识；

（2）基于 BIM 的土木与建筑工程软件基本操作技能；

（3）建筑、结构、设备各专业人员所具备的各专业 BIM 参数化。

6）建模与编辑方法；

（1）BIM 属性定义与编辑；

（2）BIM 实体及图档的智能关联与自动修改方法；

（3）设计图纸及 BIM 属性明细表创建方法；

（4）建筑场景渲染与漫游；

（5）应用基于 BIM 的相关专业软件，建筑专业人员能进行建筑性能分析；结构专业人员进行结构分析；设备类专业人员进行管线碰撞检测；施工专业人员进行施工过程模拟等 BIM 基本应用知识和方法；

（6）项目共享与协同设计知识与方法；

（7）项目文件管理与数据转换。

7）考评要求

（1）BIM 技能一级（BIM 建模师，表 1）

BIM建模师技能一级考评表 表1

考评内容	技能要求	相关知识
工程绘图和BIM建模环境设置	系统设置、新建BIM文件及BIM建模环境设置。	（1）制图国家标准的基本规定（图纸幅面、格式、比例、图线、字体、尺寸标注式样等）。 （2）BIM建模软件的基本概念和基本操作（建模环境设置，项目设置、坐标系定义、标高及轴网绘制、命令与数据的输入等）。 （3）基准样板的选择。 （4）样板文件的创建（参数、构件、文档、视图、渲染场景、导入\导出以及打印设置等）。
BIM参数化建模	1）BIM的参数化建模方法及技能； 2）BIM实体编辑方法及技能。	（1）BIM参数化建模过程及基本方法： 1）基本模型元素的定义； 2）创建基本模型元素及其类型： （2）BIM参数化建模方法及操作； 1）基本建筑形体； 2）墙体、柱、门窗、屋顶、幕墙、地板、天花板、楼梯等基本建筑构件。 （3）BIM实体编辑及操作： 1）通用编辑：包括移动、拷贝、旋转、阵列、镜像、删除及分组等； 2）草图编辑：用于修改建筑构件的草图，如屋顶轮廓、楼梯边界等； 3）模型的构件编辑：包括修改构件基本参数、构件集及属性等。
BIM属性定义与编辑	BIM属性定义及编辑。	（1）BIM属性定义与编辑及操作。 （2）利用属性编辑器添加或修改模型实体的属性值和参数。
创建图纸	1）创建BIM属性表； 2）创建设计图纸。	（1）创建BIM属性表及编辑：从模型属性中提取相关信息，以表格的形式进行显示，包括门窗、构件及材料统计表等。 （2）创建设计图纸及操作： （3）定义图纸边界、图框、标题栏、会签栏； （4）直接向图纸中添加属性表。

续表

考评内容	技能要求	相关知识
模型文件管理	模型文件管理与数据转换技能。	1）模型文件管理及操作。 2）模型文件导入导出。 3）模型文件格式及格式转换。

8）考评内容比重表（表2）

BIM技能一级考评内容比重表　　表2

考评内容	比重
工程绘图和BIM建模环境设置	15%
BIM参数化建模	50%
BIM属性定义与编辑	15%
创建图纸	15%
模型文件管理	5%

2　全国BIM应用技能考试大纲及重难点

1）BIM基础知识及内涵

（1）BIM基本概念、特征及发展：

①掌握BIM基本概念及内涵；

②掌握BIM技术特征；

③熟悉BIM工具及主要功能应用；

④熟悉项目文件管理与数据转换方法；

⑤熟悉BIM模型在设计、施工、运维阶段的应用、数据共享与协同工作方法；

⑥了解BIM的发展历程及趋势。

（2）BIM相关标：

①熟悉BIM建模精度等级；

②了解BIM相关标准：如IFC标准、《建筑工程设计信息模型交付标准》、《建筑工程设计信息模型分类和编码标准》等。

（3）施工图识读与绘制：

①掌握建筑类专业制图标准，如图幅、比例、字体、线型样式 、线型图案、图形样式表达、尺寸标注等；

②掌握正投影、轴视投影、透视投影的识读与绘制方法，掌握形体平面视图、立面视图、剖面视图、断面图、局部放大图的识读与绘制方法。

2）BIM 建模技能

（1）BIM 建模软件及建模环境：

①掌握 BIM 建模的软件 、硬件环境设置；

②熟悉参数化设计的概念与方法；

③熟悉建模流程；

④熟悉相关软件功能。

（2）BIM 建模方法：

①掌握实体创建方法：如墙体、柱、梁、门、窗、楼地板、屋顶与天花板、楼梯、管道、管件、机械设备等；

②掌握实体编辑方法：如移动、复制、旋转、偏移、阵列、镜像、删除、创建组、草图编辑等。

（3）掌握在 BIM 模型生成平、立、剖、三维视图的方法：

①掌握实体属性定义与参数设置方法；

②掌握 BIM 模型的浏览和漫游方法；

③了解不同专业的 BIM 建模方法。

（4）标记、标注与注释：

①掌握标记创建与编辑方法；

②掌握标注类型及其标注样式的设定方法；

③掌握注释类型及其注释样式的设定方法。

（5）成果输出：

①掌握明细表创建方法；

②掌握图纸创建方法、包括图框、基于模型创建的平、立、剖、三维视图、表单等；

③掌握视图渲染与创建漫游动画的基本方法；

④掌握模型文件管理与数据转换方法。

3 Autodesk 全球认证 BIM 工程师证书考试大纲及重难点

考试知识点

（4%）Revit 入门　（2 题）

（4%）体量　（2 题）

（4%）轴网和标高　（2 题）

（8%）尺寸标注和注释　（4 题）

（12%）建筑构件　（6 题）

（10%）结构构件　（5 题）

（10%）设备构件　　　　　　　（5题）
（2%）场地　　　　　　　　　（1题）
（10%）族　　　　　　　　　　（5题）
（4%）详图　　　　　　　　　（2题）
（8%）视图　　　　　　　　　（4题）
（2%）建筑表现　　　　　　　（1题）
（4%）明细表　　　　　　　　（2题）
（4%）工作协同　　　　　　　（2题）
（2%）分析　　　　　　　　　（1题）
（2%）组　　　　　　　　　　（1题）
（2%）设计选项　　　　　　　（1题）
（8%）创建图纸　　　　　　　（4题）

1）Revit 入门（2道题）

（1）熟悉 Revit 软件工作界面：功能区、快速访问工具栏、项目浏览器、类型选择器、MEP 预制构件面板、系统浏览器、状态栏、文件选项栏、视图控制栏等；

（2）掌握填充样式、对象样式的相关设置；

（3）了解常规文件选项、图形、默认文件位置、捕捉、快捷键的设置方法；

（4）了解线型样式、注释、项目单位和浏览器组织的设置方法；

（5）了解创建、修改和应用视图样板的方法；

（6）掌握应用移动、复制、旋转、阵列、镜像、对齐、拆分、修剪、偏移等命令对建筑构件编辑的方法；

（7）掌握深度提示的作用和操作方法；

（8）了解基于 Revit 软件的 Dynamo 程序基本功能；

2）体量（2道题）

（1）掌握使用体量工具建立体量模型的方法；

（2）掌握概念体量的建模方法，形状编辑修改方法，表面的分割方法，及表面分割 UV 网格的调整方法；

（3）掌握体量楼层等体量工具提取面积、周长、体积等数据的方法；

（4）掌握从概念体量创建建筑图元的方法；

3）轴网和标高（2道题）

（1）掌握轴网和标高类型的设定方法；

（2）掌握应用复制、阵列、镜像等修改命令创建轴网、标高的方法；

（3）掌握轴网和标高尺寸驱动的方法；

（4）掌握轴网和标高标头位置调整的方法；
（5）掌握轴网和标高标头显示控制的方法；
（6）掌握轴网和标高标头偏移的方法。
4）尺寸标注和注释（4道题）
（1）掌握尺寸标注和各种注释符号样式的设置；
（2）掌握临时尺寸标注的设置调整和使用；
（3）掌握应用尺寸标注工具，创建线性、半径、角度和弧长尺寸标注；
（4）掌握应用“图元属性”和“编辑尺寸界线”命令编辑尺寸标注的方法；
（5）掌握尺寸标注锁定的方法；
（6）掌握尺寸相等驱动的方法；
（7）掌握绘制和编辑高程点标注、标记、符号和文字等注释的方法；
（8）掌握基线尺寸标注和同基准尺寸标注的设置和创建方法；
（9）掌握换算尺寸标注单位，尺寸标注文字的替换及前后缀等设置方法；
（10）掌握云线批注方法；
（11）掌握 Revit 全局参数的作用及使用方法；
（12）掌握轴网和标高关系。
5）建筑构件（6道题）
（1）掌握墙体分类、构造设置、墙体创建、墙体轮廓编辑、墙体连接关系调整方法；
（2）掌握基于墙体的墙饰条、分隔缝的创建及样式调整方法；
（3）掌握柱分类、构造、布置方式、柱与其他图元对象关系处理方法；
（4）掌握门窗族的载入、创建、及门窗相关参数的调整方法；
（5）掌握幕墙的设置和创建方式；
（6）掌握幕墙门窗等相关构件的添加方法；
（7）掌握屋顶的几种创建方式、屋顶构造调整、屋顶相关图元的创建和调整方法；
（8）掌握楼板分类、构造、创建方法及楼板相关图元创建修改方法；
（9）掌握不同洞口类型特点和创建方法、熟悉老虎窗的绘制方法；
（10）掌握楼梯的参数设定和楼梯的创建方法；
（11）掌握坡道绘制方法及相关参数的设定；
（12）掌握栏杆扶手的设置和绘制；
（13）熟悉模型文字和模型线的特性和绘制方法；
（14）掌握房间创建、房间分割线的添加、房间颜色方案和房间明细表的创建；
（15）掌握零件和部件的创建、分割方法和显示控制及工程量统计方法。
6）结构构件（5道题）

（1）了解结构样板和结构设置选项的修改；
（2）熟悉各种结构构件样式的设置；
（3）熟悉结构基础的种类和绘制方法；
（4）熟悉结构柱的布置和修改方法；
（5）熟悉结构墙的构造设置绘制和修改方法；
（6）熟悉梁、梁系统、支撑的设置和绘制方式方法；
（7）熟悉桁架的设置、创建、和修改方法；
（8）熟悉结构洞口的几种创建和修改方法；
（9）熟悉钢筋的几种布置方法；
（10）熟悉结构对象关系的处理，如梁柱链接、墙连接、结构柱和结构框架的拆分等；
（11）熟练掌握钢筋明细表的创建；
（12）掌握受约束钢筋放置、图形钢筋约束编辑、变量钢筋分布；
（13）了解 Revit 钢筋连接的设置和连接件的创建。
7）设备构件（5 道题）
（1）掌握设备系统工作原理；
（2）掌握风管系统的绘制和修改方法；
（3）掌握机械设备、风道末端等构件的特性和添加方法；
（4）掌握管道系统的配置；
（5）掌握管道系统的绘制和修改方法；
（6）掌握给排水构件的添加；
（7）掌握电气设备的添加；
（8）掌握电气桥架的配置方法；
（9）掌握电气桥架、线管等构件的绘制和修改方法；
（10）了解材料规格的定义；
（11）熟练掌握管段长度的设置；
（12）了解 Revit 预制构件特点和功能；
（13）熟悉预制构件的设置方法；
（14）掌握预制构件的布置方法；
（15）掌握支架的特点和绘制方法；
（16）掌握设备预制构件优化方法；
（17）掌握预制构件标记的应用方法；
（18）掌握 Revit 中风管、管道和电气保护层系统升降符号的应用。
8）场地（1 道题）

（1）熟悉应用拾取点和导入地形表面两种方式来创建地形表面，熟悉创建子面域的方法；

（2）熟悉应用“拆分表面”“合并表面”“平整区域”和“地坪”命令编辑地形；

（3）熟悉场地构件、停车场构件和等高线标签的绘制办法；

（4）掌握倾斜地坪的创建方法。

9）族（5道题）

（1）掌握族、类型、实例之间的关系；

（2）掌握族类型参数和实例参数之间的差别；

（3）了解参照平面、定义原点和参照线等概念；

（4）掌握族创建过程中切线锁和锁定标记的应用；

（5）掌握族注释标记中计算值的应用；

（6）掌握将族添加到项目中的方法和族替换方法；

（7）掌握创建标准构件族的常规步骤；

（8）掌握如何使用族编辑器创建建筑构件、图形/注释构件，如何控制族图元的可见性，如何添加控制符号；

（9）了解并掌握族参数查找表格的概念和应用，以及导入/导出查找表格数据的方法。

（10）掌握报告参数的应用。

10）详图（2道题）

（1）掌握详图索引视图的创建；

（2）掌握应用详图线、详图构件、重复详图、隔热层、填充面域、文字等命令创建详图的方法；

（3）掌握在详图视图中修改构件顺序和可见性的设置方法；

（4）掌握创建图纸详图的方法；

（5）掌握部件和零件的创建方法。

11）视图（4道题）

（1）掌握对象选择的各种方法，过滤器和基于选择的过滤器的使用方法；

（2）掌握项目浏览器中视图的查看方式；

（3）掌握项目浏览器中对象搜索方法；

（4）掌握查看模型的6种视觉样式；

（5）掌握勾绘线和反走样线的应用；

（6）掌握隐藏线在三维视图中的设置应用；

（7）掌握应用“可见性/图形”“图形显示选项”“视图范围”等命令的方法；

（8）掌握平面视图基线的特点和设置方法；

（9）掌握视图类型的创建、设置和应用方法；

（10）掌握创建透视图、修改相机的各项参数的方法；

（11）掌握创建立面、剖面和阶梯剖面视图的方法；
（12）掌握视图属性中参数的设置方法，及视图样板、临时视图样板的设置和应用；
（13）熟悉创建视图平面区域的方法；
（14）掌握创建平立剖面的阴影显示的方法；
（15）掌握使用“剖面框”创建三维剖切图的方法；
（16）掌握“视图属性”命令中“裁剪区域可见”、“隐藏剖面框显示”等参数的设置方法；
（17）掌握三维视图的锁定、解锁和标记注释的方法。

12）建筑表现（1道题）

（1）掌握材质库的使用，材质创建、编辑的方法以及如何将材质赋予物体及材质属性集的管理及应用；
（2）掌握“图像尺寸”“保存渲染”“导出图像”等命令的使用；
（3）熟悉漫游的创建和调整方法；
（4）掌握“静态图像”的云渲染方法；
（5）掌握“交互式全景”的云渲染方法。

13）明细表（2道题）

（1）掌握应用“明细表/数量”命令创建实例和类型明细表的方法；
（2）熟悉“明细表/数量”的各选项卡的设置，关键字明细表的创建；
（3）掌握合并明细表参数的方法；
（4）了解生成统一格式部件代码和说明明细表的方法；
（5）了解创建共享参数明细表的方法；
（6）了解如何使用ODBC导出项目信息。

14）工作协同（2道题）

（1）熟悉链接模型的方法；
（2）熟悉NWD文件连接和管理方法；
（3）熟悉如何控制链接模型的可见性以及如何管理链接；
（4）熟悉获取、发布、查看、报告共享坐标的方法；
（5）熟悉如何设置、保存、修改链接模型的位置；
（6）熟悉重新定位共享原点的方法；
（7）熟悉地理坐标的使用方法；
（8）掌握链接建筑和Revit组的转换方法；
（9）掌握复制/监视的应用方法；
（10）掌握协调/查阅的功能和操作方法；
（11）掌握协调主体的作用和操作方法；

（12）掌握碰撞检查的操作方法；

（13）了解启用和设置工作集的方法，包括创建工作集、细分工作集、创建中心文件和签入工作集；

（14）了解如何使用工作集备份和工作集修改历史记录；

（15）了解工作集的可见性设置；

（16）了解 Revit 模型导出 IFC 的相关设置及交互方法。

15）分析（1 道题）

（1）掌握颜色填充面积平面的方法，以及如何编辑颜色方案；

（2）了解链接模型房间面积及房间标记方法；

（3）掌握剖面图颜色填充创建方法；

（4）掌握日照分析基本流程；

（5）掌握静态日照分析和动态日照分析方法；

（6）了解基于 IFC 的图元房间边界定义方法。

16）组（1 道题）

（1）熟悉组的创建、放置、修改、保存和载入方法；

（2）了解创建和修改嵌套组的方法；

（3）了解创建和修改详图组和附加详图组的方法。

17）设计选项（1 道题）

（1）了解创建设计选项的方法，包括创建选项集、添加已有模型或新建模型到选项集；

（2）了解编辑、查看和确定设计选项的方法。

18）创建图纸（4 道题）

（1）掌握创建图纸、添加视口的方法；

（2）了解根据视图查找图纸的方法；

（3）了解通过上下文相关打开图纸视图；

（4）掌握移动视图位置、修改视图比例、修改视图标题的位置和内容的方法；

（5）掌握创建视图列表和图纸列表的方法；

（6）掌握如何在图纸中修改建筑模型；

（7）掌握将明细表添加到图纸中并进行编辑的方法；

（8）掌握符号图例和建筑构件图例的创建；

（9）掌握如何利用图例视图匹配类型；

（10）熟悉标题栏的制作和放置方法；

（11）熟悉对项目的修订进行跟踪的方法，包括创建修订，绘制修订云线，使用修订标记等；

（12）熟悉修订明细表的创建方法。

参考文献

[1] 欧特克官方主页—Revit 新特性 [EB/OL].http：//www.autodesk.com.cn/products/revit/cverview

[2] 中华人民共和国住房和城乡建设部 . 民用建筑热工设计规范：GB50176—2016[S]. 北京：中国建筑工业出版社，2017.

[3] 中华人民共和国住房和城乡建设部 . 建筑工程工程量清单计价规范：GB50500—2013[S]. 北京：中国计划出版社，2013.

[4] 中国建筑标准设计研究院 . 国家建筑标准设计图集工程做法：05J909[S]. 北京：中国计划出版社，2006.